国家"双高"建设项目系列教材

U0169564

遥感技术及其应用

主　编　黄铁兰　朱　腾

副主编　魏志安　张雪蕾　孙松梅　朱明帮

西南交通大学出版社
·成　都·

图书在版编目（CIP）数据

遥感技术及其应用 / 黄铁兰，朱腾主编. --成都：
西南交通大学出版社，2024.1
国家"双高"建设项目系列教材
ISBN 978-7-5643-9667-1

Ⅰ. ①遥… Ⅱ. ①黄… ②朱… Ⅲ. ①遥感技术 – 高
等职业教育 – 教材 Ⅳ. ①TP7
中国国家版本馆 CIP 数据核字（2024）第 008961 号

国家"双高"建设项目系列教材

Yaogan Jishu Jiqi Yingyong
遥感技术及其应用

主编　　黄铁兰　朱　腾

责 任 编 辑　　李华宇
助 理 编 辑　　赵思琪
封 面 设 计　　何东琳设计工作室
出 版 发 行　　西南交通大学出版社
　　　　　　　（四川省成都市二环路北一段 111 号
　　　　　　　西南交通大学创新大厦 21 楼）
营销部电话　　028-87600564　028-87600533
邮 政 编 码　　610031
网 　 　 址　　http://www.xnjdcbs.com
印 　 　 刷　　四川森林印务有限责任公司
成 品 尺 寸　　185 mm × 260 mm
印 　 　 张　　14.75
字 　 　 数　　370 千
版 　 　 次　　2024 年 1 月第 1 版
印 　 　 次　　2024 年 1 月第 1 次
书 　 　 号　　ISBN 978-7-5643-9667-1
定 　 　 价　　45.00 元

前　言

党的二十大报告提出，要"实施科教兴国战略，强化现代化建设人才支撑"，要"加快建设教育强国、科技强国、人才强国，坚持为党育人、为国育才，全面提高人才自主培养质量"。高等职业教育作为我国高等教育的重要组成部分，肩负着培养面向生产、建设、服务和管理第一线需要的高素质技术技能人才的重大使命，是科教兴国战略的重要举措。教材是高职院校落实"立德树人"根本任务、深化职业教育"三教"改革的关键要素，是支撑现代职业教育体系建设的基础性保障。

本教材是国家"双高"建设项目系列教材、广东工贸职业技术学院高等职业教育测绘地理信息类"十四五"规划教材。本教材依托国家"双高"专业群——测绘地理信息技术，由广东工贸职业技术学院和广州智迅诚地理信息科技有限公司校企合作共同开发，是一本满足高职院校测绘地理信息类专业和专业群信息化教学需求的工作手册式新形态教材。"教、学、做一体"是本教材的特点。本教材打破了以讲授知识为主线的传统教学方式和学习方法，采用"项目导向、任务驱动"架构，按照项目的形式组织教学内容，把知识点、技能点、思政点融合在一起，实现"知识传授、能力培养和价值引领"相统一。在项目中，以任务方式在课堂上引导学生完成知识学习和技能训练，并培养学生家国情怀、职业精神、岗位能力和创新创业意识。每个项目和任务的设计都遵循由易到难、由小到大的原则，螺旋式逐渐推进教学内容。

本教材适用于高职院校测绘地理信息技术、摄影测量与遥感技术、地籍测绘与土地管理、工程测量技术、国土空间规划与测绘、无人机测绘等相关专业。

本教材的体系结构是按照项目式的写法来编写，根据实际工作中遥感数据处理及应用项目开发的常见技术要求，编写了 7 个项目，项目内容包括：遥感基础知识、遥感数据获取原理、遥感影像及其预处理、遥感影像增强处理、遥感影像目视解译、遥感影像计算机分类、遥感专题制图等，涵盖了遥感的基础知识和实践操作技能。通过完成教材的项目任务，可达到遥感数据处理工程师的基本知识、技能和经验要求。依照遥感数据处理的典型工作过程，实施"教、学、做一体"的教学思路，通过工作任务实施和任务拓展，将遥感技术应用中的"知识点、技能点、经验点"有机结合在一起。通过教，记住知识点；通过学，掌握技能点；通过做，获得经验点。在每个项目学习时，建议学生先对任务有个初步了解，然后通过任务实施来掌握相应的知识点和技能点，并通过技能实战训练来进一步提升技能和获取经验。

本教材参考学时为 60 学时，其中建议教师讲授 28 学时，学生实训 32 学时，即理论和实践比例为 7：8，学时分配表如下：

项目	课程内容	学时分配	
		讲授	实训
项目一	遥感基础知识	4	2
项目二	遥感数据获取原理	7	3
项目三	遥感影像及其预处理	3	9
项目四	遥感影像增强处理	4	5
项目五	遥感影像目视解译	2	2
项目六	遥感影像计算机分类	7	9
项目七	遥感专题制图	1	2
课时小计		28	32
总课时合计		60	

本教材项目一、项目六由黄铁兰编写，项目二由魏志安编写，项目三由朱腾编写，项目四由张雪蕾编写，项目五由孙松梅、黄铁兰编写，项目七由黄铁兰、朱明帮编写，全书由黄铁兰统稿。

由于编者水平有限，书中可能存在不足之处，敬请广大读者批评指正。

编　者

2023 年 5 月

目　录

遥感基础知识

知识目标

◆ 了解遥感的定义、分类和特点
◆ 了解遥感的历史和发展趋势
◆ 了解遥感的应用领域和 3S 集成技术
◆ 掌握遥感的技术过程
◆ 掌握常用的遥感处理软件

技能目标

◆ 掌握 ENVI 遥感软件的安装
◆ 学会进行 ENVI 遥感软件的基本操作

素质目标

◆ 了解遥感的发展，增强民族自信心和自豪感
◆ 了解著名的遥感科学家及其主要成就，培养敬业精神和工匠精神

任务导航

◆ 任务一 遥感概述
◆ 任务二 遥感处理软件

任务一   遥感概述

【知识点】

一、遥感的定义

遥感（Remote Sensing，RS），从字面上理解为"遥远的感知"。从技术层面看，遥感是指从空中或者外层空间，通过飞机、卫星等运载工具所携带的传感器，"遥远"地采集目标对象的数据，并通过数据的处理、分析，获取目标对象的属性、空间分布特征或时空变化规律的一门科学和技术。

遥感是一种远距离的、非接触的目标探测技术与方法。广义的遥感包括一切无接触的远距离探测技术，泛指电磁场、力场、机械波（声波、地震波等）的探测。狭义的遥感只包括电磁波探测。

遥感能够工作的根本原因是：地球上的每一个物体，时时刻刻都在发射、吸收和反射信息和能量，且这些信息和能量一般以电磁波的形式表现。一般情况下，同一类物体的电磁波特征基本上是相同的；而不同类的物体，它们的电磁波特性各不相同。因此，通过遥感器远距离探测地表物体的电磁波特征，可以识别不同的地表物体，并且提取它们的属性特征和变化规律。

二、遥感的技术过程

遥感的技术过程由数据获取，数据传输、接收和处理，数据解译、分析与应用三部分组成的。三部分相辅相成、缺一不可。

（一）数据获取

遥感的首要任务是数据获取，也就是通过不同的遥感系统获取目标对象的数据。遥感系统，也就是由遥感平台和传感器组成的数据获取系统。传感器也称遥感器或者探测器，是远距离感测和记录地物环境辐射或反射电磁能量的遥感仪器，是遥感数据获取的核心部件。遥感平台则是搭载传感器的载体，如飞机、卫星等。

遥感技术是通过电磁波传递来获取地球表面信息的。太阳是遥感最主要的电磁辐射源，其辐射电磁波包括不同波长的紫外线、可见光、红外线等多个波段。透过大气层到达地球表面的太阳辐射，在与大气、地表发生相互作用后，大部分电磁波被选择性地反射、吸收、透射、散射。地表发射或反射的电磁波再次通过大气层，被传感器接收后存储在不同的介质上，得到最初的遥感数据产品，从而完成了遥感数据的获取（图 1-1-1）。

（二）数据的传输、接收和处理

遥感卫星地面站是接收、处理、存档和分发各类卫星数据的技术系统，由地面数据接收、记录系统和影像数据处理系统两部分组成。

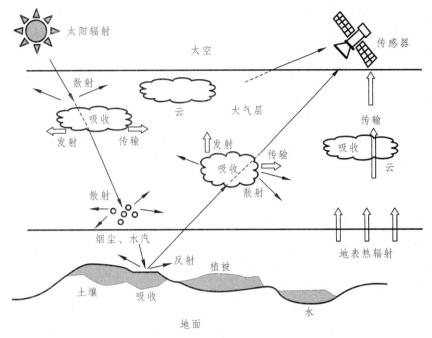

图 1-1-1　遥感的技术过程

地面接收站接收观测数据时，如果卫星在地面站的覆盖范围内，则采用实时传递、实时接收的数据传输方式；如果卫星超出地面站覆盖范围，则采用数据记录器和跟踪数据中继卫星两种方式传输数据。

地面站接收到的原始数据存在各种误差和变形，影像数据处理系统负责对原始数据进行一系列辐射校正和几何校正处理，消除各种畸变，并制作成一定规格的数据产品提供给用户。

（三）数据解译、分析与应用

用户从地面站得到数据后，需要对数据进行进一步处理，然后进行数据解译，从中提取所需的专题信息。数据解译主要利用不同地面目标的种类和环境条件差异导致产生不同的电磁波这一特点，实现不同地物信息的识别和属性提取。数据解译包括目视解译和计算机自动解译两种方式。

遥感的最终目的是应用。不同用户根据解译获取的专题信息，深入分析和理解，并揭示其规律，以解决实际问题。遥感的应用范围非常广泛，包括资源环境、气候变化、城市规划等诸多领域。

三、遥感的特点

（一）宏观性

遥感传感器一般都安装在一定高度的遥感平台上。航天遥感平台的高度通常为 200 ~ 1 000 km，静止轨道气象卫星甚至高达 3 万 ~ 4 万 km；航空遥感平台的高度一般也在 1 km 以上，高者可达 50 km。因此，遥感技术能从空中乃至宇宙空间对大范围地区进行对地观测，并获取有价值的数据。这些数据拓展了人们的视觉空间，为宏观地掌握地面事物的现状创造了极为有利的条件，同时也为宏观地研究自然现象及其规律提供了宝贵的第一手资料。与传统的人工作业相比，遥感技术可以实现大范围、多尺度的对地观测，且不受地形地貌的影响，具有明显的技术优势。

比如美国的陆地卫星（Landsat 5），轨道高度为 705 km，一张 TM（专题制图仪）影像的长度和宽度均为 185 m，覆盖地表面积接近 3.5 万 km²，可以获取丰富的地表景观信息，既有可见的，又有潜在的。又比如法国的 SPOT 5 卫星，轨道高度为 830 km，一张多光谱影像长度和宽度均为 15 km，面积为 225 km²，不但可以提供地表分辨率为 2.5 m 的各类地物分布情况，还能揭示各类地物之间的关系。

（二）时效性

遥感能实现周期性成像，每隔几天或十几天可以重复地对同一地区进行观测，这有助于人们通过获取多个时间段的遥感数据，可以发现并动态跟踪地球上许多事物的变化，研究自然界的发展及变化规律。尤其是在监视天气状况、自然灾害、环境污染、城市建设甚至军事目标等方面，遥感的运用就显得格外重要。

比如美国的 Landsat 5 卫星，每隔 16 d 就可以对同一地点进行重复拍摄；法国的 SPOT 5 卫星，每隔 2 ~ 3 d 可以重复拍摄 1 次；而我国的高分二号卫星，也达到 4 d 可重复一次的频率（表 1-1-1）。

表 1-1-1　部分常见卫星的重访周期和空间分辨率

卫星	重访周期/d	空间分辨率/m
Landsat 5	16	30
SPOT 5	2 ~ 3	10（全色 2.5）
Quick Bird	1 ~ 6	2.44（全色 0.61）
资源三号	5	5.8（全色 2.1）
高分二号	4	3.2（全色 0.8）

（三）综合性

一方面，遥感可以在同一时段获取大范围地区的遥感数据，这些数据综合地展现了地球上许多自然与人文现象，宏观地反映了地球上各种事物的形态与分布，综合地体现一个区域的地质、地貌、土壤、植被、水文、人工构筑物等地形与地物的特征，全面地揭示地理事物或现象之间的关联性。

另一方面，由传感器性能所决定的遥感信息的空间分辨率，体现了对探测目标信息的综合程度，特别是中低分辨率的遥感信息中包含大量的混合像元，所反映的往往是多种地物的综合信息，可以通过遥感的"解混"技术开展进一步分析研究。

（四）经济性

传统的地面数据采集，由于受到自然环境和资金设备等条件的制约，很多地方都难以开展，如沙漠、沼泽、高山峻岭以及地震灾害现场等。而遥感技术由于是在空中进行工作，不受地形条件的限制，可以方便、及时地获取各种资料，而不需要使用昂贵的特殊作业设备。

同时，与传统方法相比，遥感单位时间内可以获取的数据量可以达到原来的数倍或者数十倍，数据的现势性和精度也更有保障，能够节省大量的人员、设备、资金和时间投入，可以创造更高的经济和社会效益。

四、遥感的分类

为了便于专业人员研究和应用遥感技术，人们从不同的角度对遥感进行分类。

（一）按遥感平台高度分类

按照平台离地面的高度由低到高，遥感可以分为地面遥感、航空遥感和航天遥感3类。

1. 地面遥感

地面遥感是把传感器设置在地面平台上，如车载、船载、手提、固定或活动高架平台等，常见的有遥感车、遥感船、高塔等。安全和交通领域常用的各种监控设备，也可以看作是地面遥感的一种。

2. 航空遥感

航空遥感又称机载遥感，即把传感器设置在航空器上，如气球、航模、飞艇、飞机及其他航空器等，具有机动、灵活的特点。飞机是航空遥感的主要平台，它具有分辨率高、调查周期短、不受地面条件限制、资料回收方便等特点。近年来，随着技术的发展，无人机在遥感中的应用越来越广泛。

3. 航天遥感

航天遥感即把传感器设置在航天器上，如人造卫星、宇宙飞船、空间实验室等（图 1-1-2）。在航天平台上，可以通过宇航员操作、卫星舱体回收、扫描影像转换为数字编码传输、卫星数据采集系统收集信号再中继传输等 4 种方式采集数据。

图 1-1-2　中国高分四号遥感卫星

（二）按遥感探测的工作波段分类

按照遥感的工作波段，可以分为紫外遥感、可见光遥感、红外遥感和微波遥感 4 类。

1. 紫外遥感

紫外遥感的探测波段在 $0.05 \sim 0.38\ \mu m$，用于收集与记录目标物的紫外辐射能。紫外遥感主要用于监测气体污染和海面油膜污染。但由于该谱段受大气中的散射影响十分严重，探测的成功率低、应用范围狭窄，在实际应用时很少采用。

2. 可见光遥感

可见光遥感的探测波段为 $0.38 \sim 0.76\ \mu m$，用于收集与记录目标物反射的可见光辐射能（可见光是电磁波谱中人眼可以感知的部分），所用传感器有摄影机、扫描仪、摄像机，是进行航空摄影测量、自然资源与环境调查的主要谱段。按照波长，可见光又可以分为赤、橙、黄、绿、青、蓝、紫 7 个谱段（图 1-1-3）。

图 1-1-3　可见光光谱

3. 红外遥感

红外遥感的探测波段在 $0.76 \sim 1\ 000\ \mu m$。可以进一步划分为近红外、中红外、热红外和远红外。其中 $0.76 \sim 0.9\ \mu m$ 波长范围的辐射可以用于摄影（胶片）方式探测，故也称摄影红外，它对探测植被和水体有特殊效果。中、远红外可以探测物体的热辐射，所以也叫热红外，但它不能用摄影方式探测，须用光学机械扫描方式获取信息。热红外遥感主要采用 $3 \sim 5\ \mu m$ 和 $8 \sim 14\ \mu m$ 两个窗口。热红外可以夜间成像，除用于军事侦察外，还可以用于调查浅层地下水、城市热岛、水污染、森林火灾和区分岩石类型等，具有广泛的应用价值。

4. 微波遥感

微波遥感的探测波段在 $1\ mm \sim 1\ m$，可收集与记录目标物发射、散射的微波能量。所用传感器，有扫描仪、微波辐射计、雷达、高度计等。与可见光、红外遥感技术相比，微波遥感技术具有全天候昼夜工作能力，能穿透云层，不易受气象条件和日照水平的影响；能穿透植被，具有探测地表下目标的能力；获取的微波影像有明显的立体感，能提供可见光和红外遥感以外的信息。因此，微波遥感具有重大的军事、经济意义，日益受到重视。但是，由于微波的波长比可见光、红外线要长几百至几百万倍，因而所获得的影像的空间分辨率较低，需要利用各种相干信号处理技术（如合成孔径技术）进行改进。

实际工作中，常用的遥感器并不是按照单个波段来采集数据，而是集成了多个波段，也就是多波段遥感，或者叫多光谱遥感。另外，在可见光波段和外红波段范围内，还可以再分成若干更窄的波段来探测目标，发展成为高光谱遥感或者超高光谱遥感。

（三）按遥感探测的工作方式分类

根据遥感探测的工作方式不同，可以将遥感分为主动式遥感和被动遥感 2 类（图 1-1-4）。

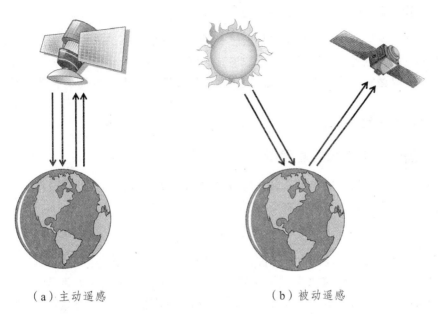

（a）主动遥感 （b）被动遥感

图 1-1-4 主动遥感和被动遥感

1. 主动遥感

主动遥感又称有源遥感，是由传感器主动地向被探测的目标物发射一定波长的电磁波，然后接受并记录从目标物反射回来的电磁波的遥感技术。它是通过分析回波的性质、特征及其变化来达到识别物体的目的。主动式遥感所使用的遥感器有微波散射计、激光雷达、侧视雷达、合成孔径雷达等。在仿生学上，主动遥感是从蝙蝠身上得到的启发而发明的。

2. 被动式遥感

被动式遥感又称无源遥感，即传感器不向被探测的目标物发射电磁波，而是直接接受并记录目标物反射的太阳辐射或目标物自身发射的电磁波。被动式遥感器主要在紫外、可见光、红外等波段工作，主要遥感器有摄影机、扫描仪、分光计、辐射计、电视系统等。在航空和航天遥感中大多使用被动式遥感器。

（四）按照遥感资料的显示方式分类

按照遥感资料的显示方式，可以分为成像遥感和非成像遥感 2 种类型。

1. 成像方式遥感

成像方式遥感是把目标物发射或反射的电磁波能量以影像方式来表示，根据其成像原理，可分为摄影方式遥感和非摄影方式遥感。摄影方式遥感是指用光学摄影方法获取影像信息的遥感；非摄影方式遥感是指通过扫描成像方法获取影像信息的遥感。

2. 非成像方式遥感

非成像方式遥感是以数据、曲线等形式记录目标物反射或发射的电磁辐射的各种物理参数的一种遥感方式，如使用红外辐射温度计、微波辐射计、激光测高仪等进行的航空和航天遥感。

（五）按应用领域或专题分类

按大的研究领域，遥感可分为星际遥感、地球大气层遥感、陆地遥感和海洋遥感。

从具体应用领域看，遥感可分为资源遥感、环境遥感、农业遥感、林业遥感、渔业遥感、地质遥感、气象遥感、水文遥感、城市遥感、工程遥感、灾害遥感及军事遥感等。

五、遥感的发展历史

（一）国外遥感技术的发展历史

按照时间顺序，国外遥感的发展分为 4 个阶段：无记录的地面遥感阶段、有记录的空中摄影遥感阶段、航空遥感阶段和航天遥感阶段。

1. 无记录的地面遥感阶段（1606—1838 年）

无记录的地面遥感阶段以望远镜作为主要的观测工具。

1608 年，汉斯·李波尔赛制造了世界上第一架望远镜，从此人类获得了远距离观测物体的工具。1609 年，伽利略制作了放大倍数为 30 倍的天文望远镜，从而为观测远距离目标奠定了基础，开创了地面遥感的新纪元（图 1-1-5）。之后的 200 多年，人类不断地改进望远镜的性能，并且利用望远镜远距离观测地球上的物体、月球表面、星空和太阳黑子等。

图 1-1-5　伽利略和他发明的科学望远镜

但仅仅依靠望远镜观测，并不能把观测到的事物用影像的方式记录下来，所以这个阶段的遥感是无记录的地面遥感。

2. 有记录的空中摄影遥感阶段（1839—1902 年）

有记录的空中摄影遥感阶段，也称为航空遥感的初步阶段。这一时期由于摄影技术的发明，人们能够将观测到的地面物体记录到胶片上。通过与望远镜相结合，发展为远距离摄影。人们利用气球、风筝、鸽子等平台，将摄影相机带到空中，开始对地面进行试验性的低空摄影。

1839 年，达盖尔发表了他和尼普斯拍摄的照片，第一次成功地把拍摄到的事物形象记录在胶片上。1849 年，法国人艾米·劳塞达特制定了摄影测量计划，成为有目的、有记录的地面遥感发展阶段的标志。1858 年，法国的 G. F. 陶纳乔在升空气球上离地仅 80 m 高度的地方，拍摄到法国比弗雷的空中相片，是世界上第一张航空相片。1860 年，J. W. 布莱克与 S. 金教授乘气球升空至 630 m，成功地拍摄了美国波士顿的照片，是目前已知的保存最早的一幅航空相片（图 1-1-6）。1882 年前后，风筝摄影开始投入使用。第一张利用风筝拍摄的航空相片是一位英国气象学家完成的。1900 年初，美国风筝摄影师在旧金山大地震之后，拍摄了旧金山的航空相片。1903 年，J. 纽布朗纳设计了一种捆绑在鸽子身上的微型相机，并且开始应用到对地面的摄影中。

这些试验性的空中摄影，为后来的实用化航空摄影遥感打下了基础。

图 1-1-6　美国波士顿 1880 年的航空相片

3. 航空遥感阶段（1903—1956 年）

航空遥感阶段也称航空遥感的发展阶段，主要是利用飞机作为平台，进行航空摄影。

1903 年，美国的莱特兄弟发明了飞机，才真正地促进遥感向实用化前进了一大步（图 1-1-7）。1908 年，人类首次利用飞机拍摄电影。1909 年，W. 莱特在意大利的森托塞尔上空，用飞机进行了空中摄影。1913 年，利比亚班加西油田测量中就应用了航空摄影，C. 塔迪沃在维也纳国际摄影测量学会会议上发表论文，描述了飞机摄影测绘地图的问题。

图 1-1-7　美国莱特兄弟发明的飞机

第一次世界大战期间，航空摄影成了军事侦察的重要手段，并形成了一定的规模，像片的判读水平也得到了提高。第一次世界大战以后，航空摄影人员从军事领域转向商业应用和科学研究。美国和加拿大都成立了航测公司；美国和德国分别出版了《摄影测量工程》及类似性质的刊物，专门介绍航空摄影的有关技术方法。

　　1924年，彩色胶片的出现，使得航空摄影记录的地面目标信息更为丰富。1930年起，美国的农业、林业、牧业等许多政府部门都采用航空摄影，并应用于制订规划。1934年，美国摄影测量协会科学专业组织成立，推动了航空摄影领域的学科和技术的发展。1935年，彩色胶片开始投入市场，为后来的航空遥感打下了基础。

　　第二次世界大战前期，德国、英国等充分认识到空中侦察和航空摄影的重要军事价值，并在侦察敌方军事态势、部署军事行动等方面取得了实际效果。第二次世界大战中，微波雷达的出现及红外技术在军事侦察的应用中，使遥感探测的电磁波谱段得到了扩展。第二次世界大战后期，美国的航空摄影范围覆盖了欧亚大陆和太平洋沿岸岛屿，以及包括日本在内的广大地区，成为美国在太平洋战争中的主要情报来源；苏联的航空摄影在斯大林格勒保卫战等重大战役中对苏联的军事行动决策起到了重要作用。

　　在第二次世界大战中及其以后，美国出版很多遥感的著作和刊物，对航空遥感的方法和理论进行总结，如1945年美国创办了《摄影测量工程》杂志。与此同时，美国在大学中开设了航空摄影与像片判读的课程，开始了遥感专业人才的培养。这些对以后遥感发展成为独立的学科在理论方法上奠定了基础。

　　4. 航天遥感阶段（1957年至今）

　　航天遥感阶段以人造卫星为主要的工作平台。

　　1957年10月，苏联第一颗人造地球卫星——斯普特尼克1号的发射成功，标志着人类从空间观测地球和探索宇宙奥秘进入了新的纪元（图1-1-8）。1959年9月，美国发射的"先驱者"号探测器拍摄了地球云图，同年10月，苏联的月球3号航天器拍摄了月球背面的照片。从1960年开始，美国发射的TIROS 1和NOAA 1太阳同步气象卫星，真正从航天器上对地球进行了长期观测。从此，航天遥感取得了重大进展。1972年，美国发射了地球资源技术卫星ERTS 1（后来改名为Landsat 1），装有多光谱扫描仪（MSS）传感器，分辨率达到79 m。1982年，美国发射了Landsat 4，装有专题制图仪（TM）传感器，分辨率提高到30 m。

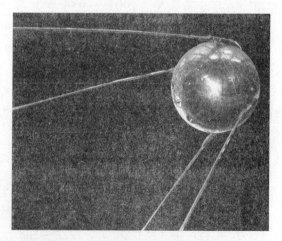

图1-1-8　苏联斯普特尼克1号卫星

1986年，法国发射SPOT 1，装有高分辨率可见光传感器（HRV），分辨率提高到10 m。1999年，美国发射IKONOS，空间分辨率进一步提高到1 m。2001年，美国发射的Quick Bird卫星，空间分辨率为0.61 m，是世界上首颗亚米级分辨率的卫星。2007、2009和2014年，美国先后发射了World View Ⅰ、World View Ⅱ和World View 3，空间分辨率分别达到0.5 m、0.5 m

和 0.31 m。

在这一阶段，中国、印度、俄罗斯、以色列、日本等国家的卫星遥感技术也在不断发展，世界真正进入遥感大发展的时代。

（二）中国遥感技术的发展历史

按照时间顺序，我国遥感的发展分为 4 个阶段：萌芽阶段、起步探索阶段、初步发展阶段和快速发展阶段。

1. 萌芽阶段

在远古时期，中国人的祖先就有遨游太空的梦想，"夸父追日""嫦娥奔月"的传说，寄托了古人对茫茫宇宙的探索愿望。西周时期开始出现的烽火台、春秋战国时期的军事瞭望塔，都可以看作是一种地面遥感。春秋战国时期，中国古代的天文学家为了观测星空，发明了窥管、望筒等远距离观察的仪器，也就是望远镜的雏形。

大约 14 世纪末，中国明朝的万户（原名陶成道），以大无畏的牺牲精神，坐在绑上了 47 支火箭的椅子上，手持风筝飞向天空，但是火箭升空不久在空中爆炸了，万户也为太空探索献出了生命。万户是人类历史上提出借助火箭推力升空的想法并付诸实践的第一人，是世界公认的"真正的航天始祖"（图 1-1-9）。

图 1-1-9　万户飞天雕塑

2. 起步探索阶段（1930—1970 年）

这一阶段，我国主要是利用飞机开展航空摄影对地形图进行绘制和更新，并应用到国防、农业、林业、铁路等方面。

20 世纪 30 年代，我国在部分地区开展过航空摄影，主要测绘了上海、南京、杭州等地区

1：1 万和 1：2.5 万比例尺的军事要塞图，以及湘黔、成渝一带 1：5 万比例尺的地形图。

中华人民共和国成立后，成立了航空测绘队伍，并开始了系统的航空摄影。1950 年 11 月，军委测绘局航空测量队成立，设有航空摄影组。1954 年 5 月，组建了空军航空测量队，1956 年 9 月扩编为航空测量大队。从此，中国有了专门的航空摄影队伍。

1950 年，军委航空测量队航空摄影组承担治淮工程的航空摄影工作。1954 年 3 月—1956 年 4 月，在苏联的援助下，我国完成东部国防地带约 85 万 km² 的航空摄影，并培养出 60 余名航空摄影技术人员。1957 年，空军航空测量大队开始独立开展东部国防地带的航空摄影，到 1960 年基本完成。

与此同时，民用航空摄影队伍也相继成立。1952 年，军委民航局在天津成立了农林航空队，承担工业、农业和林业的航空摄影任务。1954 年，地质、铁道、石油、水利等部门，也先后组建了航空摄影队伍。1957 年，中国民用航空总局统一接办全国民用航空摄影业务，至 1965 年基本完成国家测绘总局分工测图区域的航空摄影以及林业、铁路、地质、水利等部门所需的航空摄影。

3. 初步发展阶段

这一阶段，我国发射了一系列自己的人造卫星，并利用卫星数据开展了多个重大项目，积累了宝贵的经验，培养了大批人才。

1970 年 4 月 24 日，我国发射了第一颗人造地球卫星——东方红一号（图 1-1-10），成为世界上第五个具有自主发射卫星能力的国家，开创了中国航天的新纪元。

图 1-1-10　中国东方红一号卫星

1975 年 11 月 26 日，我国发射了返回式卫星，并在三天后安全返回地球。至此，我国成为继苏联、美国之后世界上第三个掌握航天器回收技术的国家，为载人航天工程做了重要的技术积累。

1977 年，陈述彭先生率团赴瑞典、英国考察，了解欧美各国开展卫星遥感应用的情况。

1978 年，中国科学院牵头开展腾冲遥感试验，是我国首次航空遥感应用示范试验，开创了基于遥感的自然资源与环境调查工作，被誉为"中国遥感的摇篮"。

1979 年，邓小平同志出访美国，亲自主持签订了有关中国遥感卫星地面接收站的协议，引进 TM、SPOT 等国际卫星数据，并开展广泛应用。

1979 年 10 月，中国农业部组织"以 MSS 卫片影像土地利用和土壤目视解译"培训班，启蒙了李德仁、王人潮、严泰来等我国第一批遥感学者，是我国遥感技术应用的正式起步。

20 世纪 80 年代，我国将遥感列入"六五"国家科技攻关项目。1980 年，组织开展的天津—渤海湾环境遥感试验，是我国第一次以城市和近海环境为背景的遥感综合性试验，开创了我国城市遥感的先河。1980 年 12 月，开展二滩水能开发遥感试验，是我国第一次将遥感和地理信息系统技术结合应用于大型能源工程的科学试验。

1988 年，我国首次成功发射了试验型气象卫星风云一号 A 星。此后，陆续发射的风云一号 B 星、C 星、D 星，风云二号 A 星、B 星、C 星，形成了独立的风云气象卫星系列。

1999 年，我国第一颗以陆地资源环境卫星中巴地球资源卫星发射成功。此后，又于 2000 年、2002 年和 2004 年相继发射了三颗资源二号卫星（CBERS-02），为我国农业、林业、水利、海洋和国土资源等方面的工作提供更准确的遥感影像产品。

2002 年 5 月，海洋一号卫星发射升空，实现了我国海洋卫星"零"的突破，广袤的"蓝色国土"从此有了"天眼"，对维护海洋国土主权和权益起到了重要作用。

4. 快速发展阶段

2006 年 4 月，我国将"遥感卫星一号"送入太空。该卫星是中国遥感系列的第一颗卫星，也是中国第一颗实用型遥感卫星。

2013 年 4 月，国家"十二五"规划启动的高分辨率对地观测系统重大专项。同年，具备全色 2 m、多光谱 8 m 分辨率的高分一号卫星成功发射，分辨率和幅宽综合指标达到国内外领先水平（图 1-1-11）。

2014 年 8 月，我国成功发射高分二号卫星，该卫星可自主获取全色 1 m、多光谱 4 m 的高分辨率卫星影像。随后，相继发射高分三号、高分四号、高分五号、高分六号卫星，共同推动高分辨率数据应用，标志着我国遥感卫星进入高分辨率影像应用的快速发展阶段。

图 1-1-11　中国高分一号卫星

2015 年，我国全年成功发射遥感卫星二十七号、遥感卫星二十八号和遥感卫星二十九号三颗遥感系列卫星，标志着我国遥感卫星在民用领域的应用水平趋于成熟。

2015 年 10 月，我国首颗自主研发的"星载一体化"商用卫星、米级高清动态视频卫星——吉林一号卫星发射成功，标志着我国航天遥感应用领域商业化、产业化发展实现重大突破。

2018 年 11 月，我国高分七号卫星成功发射。该卫星的分辨率达到亚米级，而且可以立体成像，达到世界领先水平。

2018 年 7 月—2022 年 12 月，我国发射了高分十一号 01～04 星，该组卫星分辨率达到 10 cm 及更高，其数据处理和传输能力大幅提高，达到国内领先、国际先进水平。

截至 2022 年年底，我国的卫星总数超过 500 颗，排名世界第二。目前，我国已经形成了完整自主的卫星产业链，包括资源系列、高分系列、环境/实践系列、小卫星系列组成的陆地卫星系列、以风云系列为主的气象卫星系列、7 颗海洋卫星组成的海洋卫星系列、北斗导航卫星系列等。

另外，我国的"嫦娥"探月探测器、"天问"火星探测器和"天宫"空间站、"夸父"太阳探测卫星、"墨子"量子卫星也相继发射，并不断取得重大进展，标志着我国航天遥感事业进入了大发展时代（图 1-1-12）。

图 1-1-12　中国嫦娥五号月球探测器

六、遥感的发展趋势及亟待解决的问题

（一）遥感的发展趋势

遥感技术正在进入一个能够快速准确地提供多种对地观测海量数据及应用研究的新阶段，它在近几十年内得到了飞速发展，目前又将有一个新的高潮，这种发展主要表现在以下 6 个方面。

1. 遥感的空间分辨率、时间分辨率普遍提高

截至 2022 年年底，国际上已拥有十几种不同用途的地球观测卫星系统，卫星总量达到近 5 000 颗，并拥有全色 0.1～2.5 m、多光谱 1～30 m 的多种空间分辨率（图 1-1-13）。

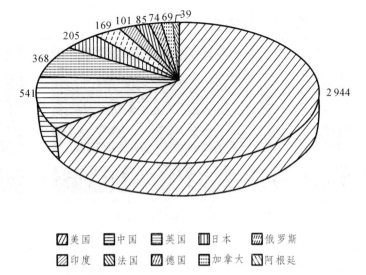

205 169 101 85 74 69 39

368

541

2 944

美国 ▨ 中国 英国 ▦ 日本 俄罗斯
印度 法国 德国 加拿大 阿根廷

图 1-1-13　全球卫星数量排名前十的国家（截至 2022 年 12 月 31 日）

遥感平台和传感器，已从过去的单一型向多样化发展，并能在不同遥感平台上获得不同空间分辨率、时间分辨率的遥感影像。目前遥感影像的空间分辨率可以达到亚米级甚至厘米级，回归周期可以达到几天甚至几个小时。

从空间分辨率看，美国的商业卫星 World View-3 可获取 0.31 m 分辨率的影像，我国的高分十一号遥感卫星 02 星远距离地面像元分辨率可达亚米级，近距离分辨率可达 0.1 m。

从时间分辨率看，美国 NOAA 卫星每天可对地面同一地区进行两次观测，我国也实现了 2 m 分辨率光学卫星全球 1 d 重访，1 m 分辨率合成孔径雷达卫星对全球任意地区重访时间为 5 h。

随着遥感应用领域对高分辨率遥感数据需求的增加，以及遥感技术本身的发展，各类遥感分辨率的提高，已经成为普遍发展趋势。

2. 高光谱遥感迅速发展，波段数越来越多，光谱分辨率也越来越高

高光谱遥感的出现和发展是遥感技术的一场革命。它使本来在宽波段遥感中不可探测的物质，在高光谱遥感中能被探测。由于它能够获取近似连续的地物光谱信息，可以扩大地物光谱分析模型的应用范围，极大提高对地表覆盖类型、道路铺面材料等的识别能力，且提供的基于地物光谱数据库的光谱匹配方法，可以增加地形要素分类识别方法的灵活多样性，使地形要素的定量或半定量分类识别成为可能，提高了遥感高定量分析的精度和可靠性。

传统的多光谱遥感只有几个或者十几个波段，光谱分辨率只有 0.1 ~ 0.2 mm，高光谱遥感的波段数可以达到几十个甚至几百个，光谱分辨率可以达到 10 ~ 20 nm；最新的超高光谱遥感，波段数超过 1 000 个，光谱分辨率达到 1 nm 以内（图 1-1-14）。

美国地球观测卫星 1 号（EO1）上的高光谱传感器（Hyperion）具有 242 个波段，光谱分辨率为 10 nm。我国的高分五号卫星的高光谱仪有 330 个波段，光谱分辨率达到 5 nm。

3. 微波遥感技术快速发展

微波遥感技术，是近几十年发展起来的具有美好应用前景的主动式探测方法。微波具有穿透性强、不受天气影响的特性，可全天时、全天候工作。它采用多极化、多波段及多工作模式，形成多级分辨率影响序列，能提供从粗到细的对地观测数据源。近年来，成像雷达、激光雷达等的发展，越来越引起人们的关注。

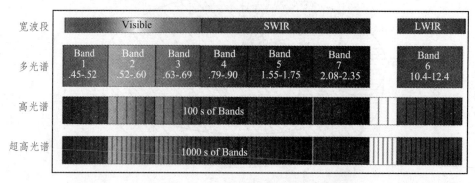

图 1-1-14 高光谱遥感示意

我国的高分十二号微波遥感卫星，地面像元分辨率最高可达亚米级，可以广泛用于国土普查、城市规划、土地确权、路网设计、农作物估产和防灾减灾等领域。

4. 三维遥感不断发展

利用机载三维成像仪，能够从空中同步获取地面目标的三维位置和遥感光谱信息，实现定位、定性数据的一体化获取。把三维位置信息和遥感光谱数据套合在一起，就可以获取一体化的遥感信息，也就是三维遥感信息。三维遥感信息通过高分辨率遥感影像与地面地信数据叠合，可以用于地形分析、地质灾害调查、矿产资源调查、农业作物长势监测、产量估算和病虫害监测等，还可以用于城市景观设计、军事地形三维仿真、工程选址等方面。

5. 遥感的综合应用不断深化

目前，遥感技术正经历着一场质的变化，综合应用的深度和广度不断扩展，主要表现如下：

（1）遥感分析数据源更加多样化，从单一遥感信息源分析向包含非遥感数据在内的多源信息的复合分析方向发展。

（2）遥感影像解译技术更加成熟，从人工或半自动的定性判读向信息系统应用模型及专家系统支持下的定量分析发展。

（3）遥感的研究时态从静态现状研究向多时相的动态监测研究发展。

（4）3S 集成技术的发展，为遥感提供了各种有用的辅助信息和分析手段，提高遥感信息的识别精度，也使遥感的应用范围和研究深度不断扩展。

（5）国际上相继推出了一批高水平的遥感影像处理商务软件包，可以为实现遥感的综合应用提供技术支撑。

6. 商业遥感快速兴起

随着卫星遥感的兴起，世界各主要航天大国的遥感卫星，逐步向商用化转移。联合国制定的有关政策，在一定程度上也鼓励了商业遥感的发展。目前，很多私营企业参与了遥感卫星的研制、发射和运行，并提供了相应的配套服务。美国的 IKONOS 系列、ORB-VIEW 系列和以色列的 EROS 系列等就是商业卫星的代表。

此外，商用小型地球观测卫星计划正在实施。这种小型卫星具有灵活的指向能力，可以获取高空间分辨率的影像，并快速回传到地面，它具有投资小、研制周期短、经济效益高等优点。美国的 SpaceX 已累计发射 2 000 多颗"星链"卫星，为美国、英国等国的上百万用户提供了互联网接入服务，并可用于军事领域。中国近年来也发射了北京一号、吉林一号、高景一号等多个小卫星星座。如图 1-1-15 所示为吉林一号卫星星座。另外，由 128 颗小卫星组成的秦岭小卫星星座项目也正式启动，未来可用于自然资源监测、环境保护、气象水文、减灾救灾等多个领域。

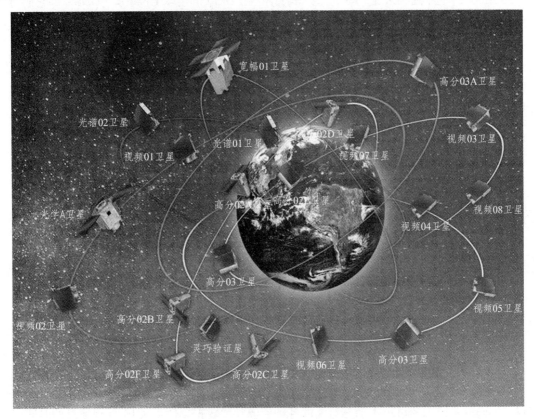

图 1-1-15　中国吉林一号卫星星座

（二）遥感研究亟待解决的问题

尽管遥感在短短的几十年时间内，无论在理论研究还是应用领域都得到了迅猛发展，但仍有以下几个方面的问题还有待解决：

（1）遥感仍处在由定性向定量过渡的阶段，精度还不能完全满足不同用户的要求，需要进一步提高。

（2）由浩瀚的遥感影像和数字资料组成的海量的遥感数据，需要更加有效的存储、管理、使用手段和方法。

（3）遥感数据的融合与压缩、遥感信息的自动识别、遥感影像的理解和应用，仍然是遥感面临的重要问题。

（4）定量遥感、新型数据处理、相关技术的结合等方面，与生产实际应用的需求仍有差距。

（5）国际间的合作有待进一步探索，各国要加强在安全、环保、气候、农业、科研等方面的遥感技术合作，同时要防范遥感成为某些国家维护霸权、制造地缘政治冲突的工具。

七、3S 集成技术

3S 集成技术包括遥感系统（RS）、地理信息系统（GIS）和全球定位系统（GNSS），它们与现代通信技术有机地结合起来，在空间信息管理中各具特色（图1-1-16）。RS 可以源源不断地获得对地观测数据；而 GIS 的空间数据库则通过信息高速公路实现全国乃至全球的数据交换与共享；GNSS 依靠远程通信可实现高精度的定位和导航。要让地理信息在信息高速公路上川流不息，需要建立一个自动化、智能化的对地观测数据处理系统，实现 RS、GIS 和 GNSS 的整体结合，使之成为快速实时的空间信息分析和决策支持工具。

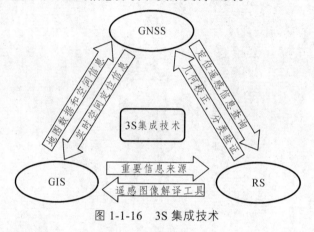

图 1-1-16　3S 集成技术

（一）RS 与 GIS 结合

一方面，RS 作为一种获取和更新空间数据库的强有力手段，为 GIS 源源不断地提供及时、客观、准确的大范围的可用于动态监测的各种资源环境数据，使得 GIS 处理信息的时间有可以压缩到自然灾害形成过程之内，从而赢得了预测、预报的时间。因此，遥感信息是地理信息系统十分重要的信息来源。

另一方面，RS 获取的丰富的信息资源有赖于 GIS 的科学管理和有效利用。GIS 能接受大量不同来源的空间数据，并能根据用户的不同需求对这些数据进行有效的存储、检索、分析和显示，为 RS 数据的充分利用提供一个良好的环境。此外，RS 的影像识别也往往需要在 GIS 的支持下改善其精度。

因此，RS 与 GIS 的结合不仅有助于提高 RS 数据自动分类的精度和信息复合的能力，加速 RS 的发展进程，同时也使 GIS 的应用进入了一个新阶段。随着它们应用领域的开拓和深入发展，二者的结合已成为空间信息科学发展的热点之一。

（二）RS 与 GNSS 的结合

从 GIS 的角度看，RS 和 GNSS 都可作为数据源获取系统，但它们既分别具有独立的功能，又可以相互补充完善，成为 RS 和 GNSS 结合的基础。

GNSS 的出现对遥感影像的使用有着很大影响，高度轻便的 GNSS 接收机根据影像上预先确定的位置，可获得精确的位置坐标，并且自动提供几何校正时所需的成像信息。另外，利用 GIS 中的电子地图和 GNSS 接收机的实时差分定位技术，可以组成 GIS+GNSS 的各种电子导航系统，可用于交通、公安等领域，也可以直接用 GNSS 方法对 GIS 作实时更新。此外，RS 与 GNSS 结合的新技术在短期天气预报中发挥重要作用。如 GNSS 气象遥感技术是利用 GNSS 卫星和接收机之间无线电信号在大气电离层和对流层中的延迟时间，记录电离层中的电子浓度和对流层中的温度、湿度，以获得大气参数及其变化信息。目前，全球许多建成和正在建立的 GNSS 观测网将成为提供大气参数的一个重要新数据源。

（三）RS、GIS 和 GNSS 的结合

在 RS 与 GIS 的综合系统中所处理的对象是空间数据，而把 GNSS 的成果运用到综合系统之中，必然会进一步改进 RS 对地观测的质量，扩大 GIS 数据分析和管理的能力。GIS 充当人的大脑，对所得信息加以管理和分析；RS 和 GNSS 相当于人的两只眼睛，负责获取浩瀚信息及其空间定位。RS、GIS 和 GNSS 三者的有机结合，构成了整体上的实时动态对地观测、分析和应用的运行系统，为科学研究、政府管理、社会生产提供了新一代的观测手段、描述语言和思维工具。

3S 集成的方式可以在不同的技术水平上实现。低级阶段表现为相互调用一些功能来实现系统之间的联系；高级阶段表现为三者之间不只是相互调用功能，而是直接共同作用，形成有机的一体化系统，对数据进行动态更新，快速准确地获取定位信息，实现实时的现场查询和分析判断。目前，开发的 3S 集成系统软件的技术方案一般采用栅格数据处理方式实现与 RS 的集成，使用动态矢量图层方式实现与 GIS 集成。随着信息技术的飞速发展，3S 集成技术从低级到高级不断发展和完善。

任务二　遥感处理软件

【知识点】

常用遥感软件介绍

（一）ERDAS IMAGINE（地球资源数据分析系统）

ERDAS（Earth Resource Data Analysis System）IMAGINE 软件，是美国 ERDAS 公司开发的遥感影像处理系统。ERDAS IMAGINE 以其先进的影像处理技术、友好的用户界面、灵活的操作方式，面向广阔的应用领域的产品模块，服务于不同层次用户的模型开发工具以及高度的遥感影像处理和 GIS 集成功能，为遥感及其应用领域的用户提供了功能强大的影像处理工具，代表了遥感影像处理系统未来的发展趋势。

ERDAS IMAGINE 是以模块化的方式提供给用户的，用户可以根据自己的应用要求、资金情况合理地选择不同功能模块以及不同组合方式，对系统进行剪裁，充分利用软硬件资源，

并最大限度地满足用户的专业应用要求。ERDAS IMAGINE 对于系统的扩展功能采用开放的体系结构，以 IMAGINE Essentials、IMAGINE Advantage、IMAGINE Professional 的形式为用户提供了低、中、高 3 种级别产品架构，并有丰富的扩展模块供用户选择，使产品模块的组合具有极大的灵活性。

（二）ENVI（遥感影像处理平台）

ENVI（The Environment for Visualizing Images）是美国 Exelis Visual Information Solutions 公司的旗舰产品。它是由遥感领域的科学家采用交互式数据语言（Interactive Data Language，IDL）开发的一套功能强大的遥感影像处理软件，获 2000 年美国权威机构 NIMA 遥感软件测评第一。

ENVI 软件主要功能包括：常规处理、几何校正、定标、多光谱分析、高光谱分析、雷达分析、地形地貌分析、矢量应用、神经网络分析、区域分析、GPS 连接、正射影像图生成、三维影像生成、可供二次开发调用的函数库、制图、数据输入/输出等功能。

目前，ENVI 已经广泛应用于科研、环境保护、气象、石油矿产勘探、农业、林业、医学、国防安全、地球科学、公用设施管理、遥感工程、水利、海洋、测绘勘察和城市与区域规划等领域。

（三）PCI 软件

PCI Geomatica 软件是加拿大 PCI 公司开发的用于影像处理、几何影像、GIS、雷达数据分析以及资源管理和环境监测的软件系统。PCI 拥有比较全的功能模块，包括：常规处理模块、几何校正、大气校正、多光谱分析、高光谱分析、摄影测量、雷达成像系统、雷达分析、极化雷达分析、干涉雷达分析、地形地貌分析、矢量应用、神经网络生成、区域分析、GIS 连接、正射影像图生成、DEM（数字高程模型）提取（航空摄影、光学卫星、雷达卫星）、三维影像生成等。

PCI 专业遥感影像处理系统分为三个软件包及五个专业扩展模块，这三个软件包中是向上包含的。

（1）第一软件包"IMAGEWORKS"，主要由三个部分组成：①"IMAGEWORK/Multispectral Classification"，用于显示和处理影像、位图和矢量数据，包含了 100 多种基本的影像处理功能。②"GCPWORKS"，专门的几何校正工具，可作影像-影像、影像-地图，影像-矢量等方式的几何配准和影像镶嵌。③"GEOGATEWAY"，可直接读取 60 多种影像、栅格及矢量数据格式，并对其中 30 多种数据可直接写入。

（2）第二软件包 "EASI/PACE Image Processing Kit*w/Visual Modeller"。该软件包在包含第一软件包功能的基础上又增加了可视化建模、XPACE 核心程序、影像处理、几何校正、多层栅格模型、矢量工具、ACE（AutoCAD 认证专家）专业制图、地形分析、航片立体像对 DEM 提取、磁带输入和输出的功能。

（3）第三软件包 "EASI/PACEIMAGEPRO"。该软件包除包含上一软件包全部功能外，还具有多光谱分析、雷达分析、AVHRR 轨道领航者、大气校正、高光谱分析、神经元网络分类器、地面控制点影像库、三维可视化飞行模拟的功能。

（4）五个专业扩展模块分别为大气校正、影像锁数据融合、极化雷达、PCI作者、软件工具箱目标库，这些模块可以单独地与第二或第三软件包配合用。

（四）PIE软件

PIE（Pixel Information Expert，像素专家）软件是北京航天宏图信息技术股份有限公司自主研发的国产新一代遥感与地理信息一体化处理软件，经过多年的发展形成了覆盖多平台、多载荷、全流程的系列化软件产品体系，可提供面向航天、航空等多源异构遥感影像的处理、辅助解译、信息提取、专题制图以及二维、三维可视化等一体化解决方案，广泛应用于气象、海洋、水利、农业、林业、国土、减灾、环保、军事等多个行业和领域。

PIE的主要功能如下：

（1）遥感影像预处理：辐射校正、影像配准、影像融合、影像镶嵌等。

（2）遥感影像基础处理分析：影像裁剪、格式转换、波段运算、波谱运算等常用影像处理，投影转换，监督分类、非监督分类、面向对象分类和分类后处理、精度评价，多种影像变换、影像滤波等。

（3）遥感信息提取与解译：多源遥感数据快速读取与渲染，遥感信息自动提取和人工解译，解译结果的综合统计、查询、测量、可视化分析、基于模板的智能制图和报表输出。

（4）遥感与GIS一体化集成：提供丰富的行业GIS符号库，并支持符号快速扩展；提供遥感和GIS处理功能的二次开发接口，支持遥感与GIS一体化集成系统开发。

（5）遥感专题制图：专题模板定制，多种出图格式输出，出图前尺寸调整等。

【技能点】

ENVI软件基本操作

（一）技能目标

掌握遥感软件ENVI 5.3的基本功能。

（二）训练内容

（1）认识ENVI 5.3软件的2种风格界面。

（2）设置默认文件路径。

（3）了解基本菜单命令及其使用方法。

（三）操作步骤

1. 软件启动

（1）启动ENVI 5.3新界面。

依次点击菜单栏的"程序"→"ENVI 5.3"→"ENVI 5.3（64-bit）"，启动ENVI 5.3新版程序界面，如图1-2-1所示。

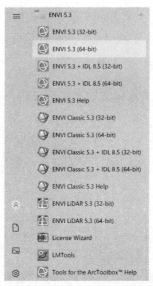

图 1-2-1　启动 ENVI 5.3 新版程序

（2）启动 ENVI 经典版界面。

也可以依次点击"程序"→"ENVI 5.3"→"ENVI Classic 5.3（64-bit）"，启动 ENVI 5.3 经典界面。

2. 了解 ENVI 5.3 新版程序界面

ENVI 5.3 新版程序界面，包括菜单栏、工具栏、图层管理、工具箱、状态栏和显示视图，如图 1-2-2 所示。

图 1-2-2　ENVI 5.3 软件新版界面

3. 设置默认文件路径

为了后续实训读取和存储影像数据方便，建议设置默认文件路径，如默认输入路径、默认输出路径、临时路径等。依次点击菜单栏的"文件"→"选项"→"路径"，打开默认文件路径设置界面，如图 1-2-3 所示。

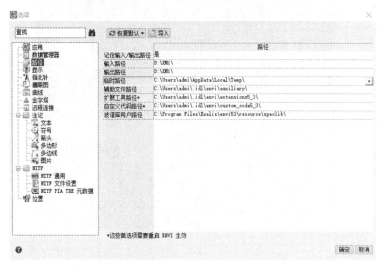

图 1-2-3　默认路径设置窗口

注意：输出路径必须全部是英文，或由英文形式的字母或符号组成，不要出现中文字符，否则容易报错。比如"D:\XM1"，整个路径中没有任何中文字符。

4. 掌握 ENVI 基本菜单命令及其使用方法

（1）打开影像。

依次点击菜单栏的"文件"→"打开"，打开影像选择界面，如图 1-2-4 所示。

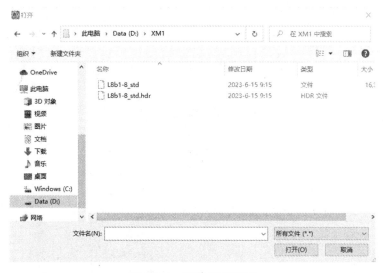

图 1-2-4　影像选择界面

选择"D:\XM1\L81-8_std.dat"，打开 Landsat 8 OLI 影像数据，该数据由 8 个波段组合而

成，默认以灰度形式显示第一波段，如图 1-2-5 所示。

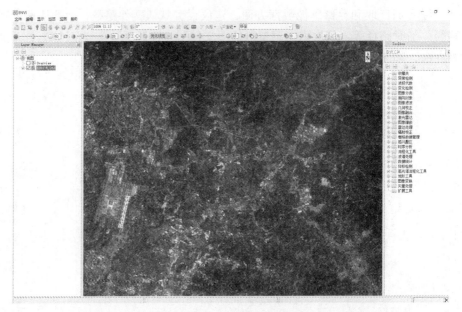

图 1-2-5　多光谱影像显示

在工具条上点击"数据管理器"按钮，打开数据管理器，如图 1-2-6 所示。

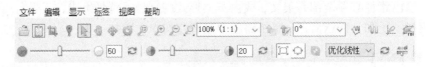

图 1-2-6　数据管理器工具

在数据管理器界面，依次点击第 7 个、第 5 个、第 3 个波段，将其分别赋给红、绿、蓝三个通道，如图 1-2-7 所示。

图 1-2-7　选择波段

点击"加载"按钮，在视图中将影像显示为彩色，如图 1-2-8 所示。

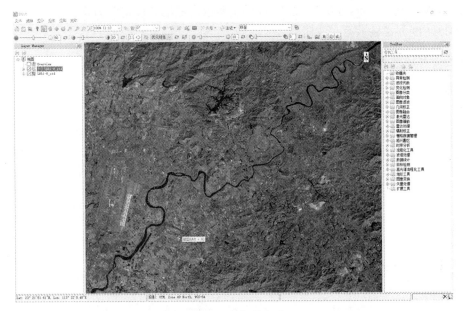

图 1-2-8　影像彩色显示

（2）影像另存为其他格式。

首先，依次点击菜单栏的"文件"→"另存为"。然后，分别选择后面的菜单，可以将影像另存为 TIFF、ASCII、ERDASIMAGE 等不同格式。这里选择第一个菜单，将影像另存为 TIFF 格式。最后，进入数据选择界面，可以通过"空间裁剪""波段裁剪""掩膜"选择数据范围和波段，这里全部选择默认选项，如图 1-2-9 所示。

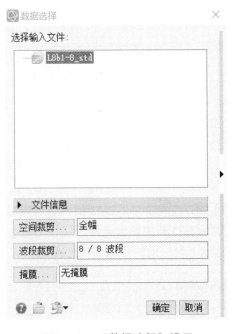

图 1-2-9　"数据选择"设置

点击"确定",进入"文件另存为参数"界面,设置输出格式为"TIFF",输出路径和文件名为"D:\XM1\L8b1-8_std.tif",如图 1-2-10 所示。点击"确定"另存文件,另存的文件默认打开并以灰度方式显示第一波段。

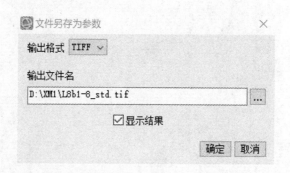

图 1-2-10   "文件另存为参数"设置

还可以选择其他另存菜单,存储为 ERDAS IMAGINE 等其他类型(图 1-2-11)。

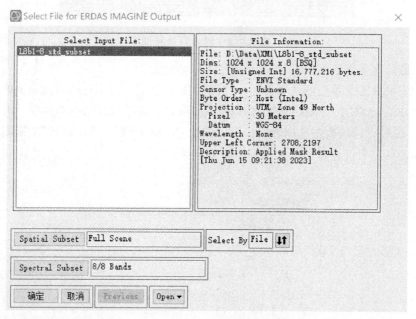

图 1-2-11   另存为 ERDAS IMAGINE 格式

(3)查看影像像素信息。

点击工具栏的"鼠标取值"工具,如图 1-2-12 所示,可以打开"鼠标取值"窗口,在窗口中查看当前光标所在位置的所有打开的影像文件的属性值、坐标和投影参数等信息,如图 1-2-13 所示。鼠标在视图中移动,对应的信息也会随之改变。

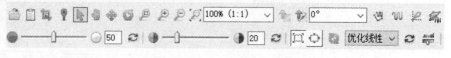

图 1-2-12   鼠标取值工具

图 1-2-13　鼠标取值窗口

（四）成果要求

（1）学会打开 ENVI 5.3 软件的两种不同版本界面。

（2）根据自身电脑的配置，设置默认文件路径。

（3）在 ENVI 5.3 软件中打开影像，并另存为 TIFF 格式，查看像素信息。

项目小结

本项目主要阐述了遥感的基础知识，包括遥感的定义、分类、技术系统、特点、发展历史、趋势、应用领域及 3S 集成技术等，介绍了常用遥感软件及 ENVI 5.3 遥感软件的版本、基本界面及主要功能。通过对本项目的学习，同学们能够掌握遥感的基础知识，了解常用的遥感软件，学会初步使用 ENVI 5.3 软件的基本功能。

思考题

（1）什么是遥感？广义的遥感和狭义的遥感有什么区别？

（2）遥感技术系统的组成部分及主要功能是什么？

（3）我国遥感的成就表现在哪些方面，有何特点？

（4）遥感在资源调查与环境监测中的作用有哪些？

（5）遥感与常规测绘手段相比，有什么优点？

（6）简述常用遥感软件的主要功能及各自的优点。

遥感数据获取原理

知识目标

- ◆ 掌握电磁波概念、电磁波谱概念及排列
- ◆ 掌握黑体、太阳、地球电磁波发射特性
- ◆ 了解各种遥感平台及其轨道参数
- ◆ 了解传感器组成、类型、性能参数

技能目标

- ◆ 掌握遥感影像的下载流程
- ◆ 学会通过在线平台完成遥感平台及传感器调研
- ◆ 能通过 ENVI 软件完成影像数据信息的读取

素质目标

- ◆ 能自主学习新知识、新技能
- ◆ 具备较强的信息搜集能力，能查找遥感平台调研网站及遥感数据下载网站
- ◆ 具有严谨认真、一丝不苟的科学态度

任务导航

- ◆ 任务一　遥感物理基础
- ◆ 任务二　遥感平台及传感器
- ◆ 任务三　传感器

任务一　遥感物理基础

【知识点】

一、电磁波与电磁波谱

电磁波是电磁场的传播，电磁波的传播过程就是电磁能量的传播过程。γ射线、X射线、紫外线、可见光、红外线、微波、无线电波等都属于电磁波。

电磁波谱即将各种电磁波按照波长或频率大小，依次排列，构成的图表。按照波长从小到大排列为：γ射线、X射线、紫外线、可见光、红外线、微波、无线电波。

二、物体的电磁波发射特性

（一）黑体辐射

黑体是在任何温度下，对各种波长的电磁辐射的吸收系数等于 1（100%）的物体。黑体辐射定律如下。

（1）普朗克定律：任意温度下，从一个黑体中发射出的电磁辐射的辐射率与频率之间的关系，具体如下：

① 辐射通量密度随波长连续变化，每条曲线只有一个最大值。

② 温度越高，辐射通量密度越大，不同温度的曲线不同。

③ 随着温度的升高，辐射最大值所对应的波长向短波方向移动。

（2）玻耳兹曼定律：黑体总辐射通量随温度的增加而迅速增加，它与温度的四次方成正比。

（3）维恩位移定律：随着温度的升高，辐射最大值对应的峰值波长向短波方向移动。

（二）太阳辐射

太阳辐射光谱相当于温度为 6 000 K $[T(℃)=T(K)-273.15]$ 的黑体辐射。其辐射能量主要集中在可见光波段（0.38~0.76 μm），占总能量的 46%，最大辐射强度位于波长 0.47 μm 左右。到达地面的太阳辐射主要集中在 0.3~3.0 μm 波段，包括近紫外、可见光、近红外。

（三）地球辐射

地球辐射光谱相当于温度为 300 K 的黑体辐射。温度大于 0 K（-273.15 ℃）的地物都会发射电磁辐射。其中：地物的发射率=地物辐射出射度/同温下黑体辐射出射度

温度一定时，物体的热辐射遵循基尔霍夫定律，即地物的发射率=吸收率，吸收率越大，发射率也越大。物体表面越粗糙、颜色越暗、比热越大、热惯性越大，则发射率越高。地球物体的辐射属于长波辐射，其辐射分段特征见表 2-1-1。

表 2-1-1 地球辐射的分段特征

波段名称	可见光与近红外	中红外	远红外
波长/μm	0.3 ~ 2.5	2.5 ~ 6	>6
辐射特性	地表反射太阳辐射为主	地表反射太阳辐射和自身热辐射	地表物体自身热辐射

三、太阳辐射与大气的相互作用

太阳辐射在大气层中传输遇到的各种微粒会发生吸收、散射、透射作用，从而造成太阳辐射能力衰减。其中，吸收、散射、透射性质随电磁波波长及大气成分不同而不同。

（一）大气的吸收作用

（1）氧气（O_2）：吸收波长小于 0.2 μm 的电磁波，最大吸收频段为 0.155 μm，故高空遥感很少使用紫外波段。

（2）水（H_2O）：吸收太阳辐射能量最强介质，主要的吸收带在红外和可见光的红光部分，故水对红外遥感有极大的影响。

（3）二氧化碳（CO_2）：量少；吸收作用主要在红外区内。

（二）大气的散射作用

太阳辐射在传播过程中遇到小微粒而使传播方向发生改变，并向各个方向散开，这是太阳辐射衰减的最主要原因。

（1）瑞利散射：当粒子的直径 α 远小于辐射波长 λ 时发生瑞利散射，其效应与波长的四次方成反比。因此，短波比长波更容易被散射。

（2）米式散射：当粒子的直径 α 基本上等于辐射波长 λ 时发生米式散射，散射强度与波长的二次方成反比。

（3）非选择性散射：当粒子的直径 α 比辐射波长 λ 大得多时发生非选择性散射，散射系数与波长无关。

（三）大气窗口

通过大气而较少被反射、吸收或散射的透过率较高的电磁辐射波段称为大气窗口。常见的大气窗口有紫外、可见光、近红外波段。

四、太阳辐射与地面的相互作用

太阳辐射与地面的相互作用，主要有反射、吸收、透射三种基本的物理过程。其中，大部分物体不具备透射能力。

地物反射、吸收、透射太阳辐射的比例及每个过程的性质对于不同的地表特征是变化的。太阳辐射与地面的相互作用一方面依赖于地表特征的性质与状态，如物质的组成、几何特征、光照角度等；另一方面依赖于波长，不同波长表现出不同特点的相互作用过程。

当电磁辐射能到达两种不同介质的分界面时，入射能量的一部分或全部返回原介质的现象称为反射。任一表面的反射特性由其表面的几何形态和粗糙度决定。

光谱反射率：物体反射的辐射能量占总入射能量的百分比，它是波长的函数。

光谱反射率曲线：物体的反射率随波长变化的曲线。

（1）镜面反射：当地面粗糙度小于辐射波长 λ 时发生镜面反射，其入射能量几乎全部或全部按相反方向反射，且入射波和反射波在同一平面内，反射角等于入射角。

（2）漫反射：地面粗糙度大于辐射波长 λ 时发生漫反射，其入射能量在所有方向都均匀反射，即以入射点为中心，在整个半球空间内向四周各向同性地反射能量。

（3）实际物体反射：介于镜面反射和漫反射之间发生，其入射能量在各个方向都有反射能量，但大小不同。各方向反射能量的大小既与入射方位角和天顶角有关，也与反射方向的方位角与天顶角有关。

【技能点】

遥感数据的下载

（一）技能目标

掌握遥感数据下载的途径和方法。

（二）训练内容

（1）每组选择不同市级行政区的遥感数据并下载（具体范围由学习委员协调），空间分辨率不低于 30 m。

（2）组内每人选择同一行政区不同时相的遥感数据（具体时相由组长协调，要求相邻时相间隔在 3 年以上），数据范围必须覆盖整个行政区，波段必须包含所有的多光谱波段和全色波段。

（3）统计下载的遥感影像的基本信息，包括下载的网站地址、数据类型、数据范围、获取时间、波段数量、空间分辨率等。

（三）操作步骤

（1）打开"地理空间数据云"网站（图 2-1-1）。

（2）登录账户（图 2-1-2）。如果没有账户，应先注册。

（3）选择"高级检索"，进行数据查询及下载（图 2-1-3）。

图 2-1-1　地理空间数据云首页

图 2-1-2　账号登录

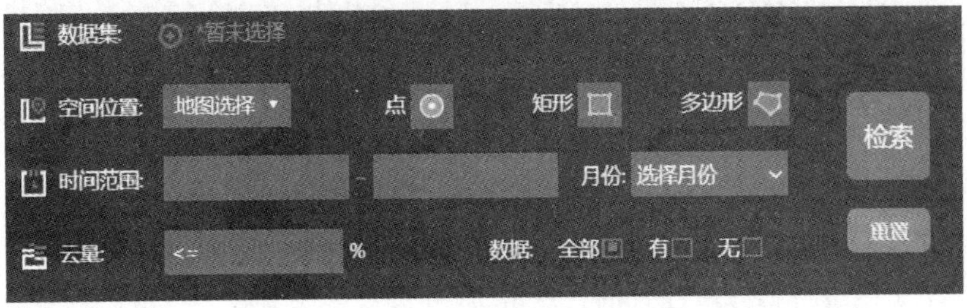

图 2-1-3　高级检索页面

（4）选择"Landsat 8 OLI_TIRS 卫星数字产品"（图 2-1-4）。

图 2-1-4　数据集选择

（5）选择"空间位置"（图 2-1-5）。

图 2-1-5　空间范围选择

（6）选择"时间范围"（图 2-1-6），结合卫星服役日期进行设置。

图 2-1-6　时间范围选择

（7）选择"云量"后点击"检索"（图 2-1-7），依据检索结果，可以选择影像查看该影像在地图上的具体范围。

（8）点击"i"进行影像属性查询，点击"↓"进行影像下载，点击"收藏数据"进行数据收藏（图 2-1-8）。

（9）依次点击"账户"→"我的下载"→"可下载数据"（图 2-1-9），对已收藏的数据进行批量下载。

图 2-1-7　云量设置

图 2-1-8　数据下载

图 2-1-9　数据批量下载

（四）成果要求

（1）每组下载的数据自行保存、备用。数据压缩包或文件夹的命名格式为"分组+行政区+时相+学号"。

（2）下载数据的统计信息。每组由组长做一个 Excel 表格，命名格式为分组+行政区。

任务二　遥感平台及传感器

【知识点】

一、遥感平台的种类

遥感平台是用于搭载遥感器的平台。遥感平台按照据地面高度分为 3 类：

（1）地面遥感平台：高度在 100 m 以下，置于地面或水上用于安置遥感器的固定的或移动的装置，包括三脚架、遥感塔、遥感车等。

（2）航空遥感平台：高度在 30 km 以内的遥感平台，包括飞机和气球。

（3）航天遥感平台：高度在 150 km 以上的遥感平台，包括火箭、卫星、宇宙飞船、航天飞机。

二、遥感平台的轨道特征

卫星轨道是卫星绕地飞行的轨迹。卫星轨道倾角是卫星轨道面与地球赤道面之间的夹角。根据卫星轨道倾角的大小，卫星轨道可分以下 3 种：

（1）赤道轨道：卫星轨道倾角为 0°，卫星轨道平面与地球赤道平面重合，卫星始终在赤道上空飞行。

（2）极地轨道：卫星轨道倾角为 90°，卫星轨道平面与地球赤道平面垂直，卫星在南北两极上空飞行，其轨迹可以覆盖全球，是观测整个地球的最合适的轨道。

（3）倾斜轨道：卫星轨道倾角既不是 0°也不是 90°的统称为倾斜轨道。

根据卫星轨道的高度、周期大小，卫星轨道又可分为以下几种：

（1）近地轨道：轨道高度低于 1 800 km 的卫星轨道。

（2）太阳同步轨道：轨道绕地球的自转方向与地球的公转方向相同，且旋转角速度等于地球公转角速度的轨道。

（3）地球同步轨道与地球静止轨道：地球同步轨道指的是轨道周期为 24 h（即与地球自转周期相同），卫星轨道高度为 35 860 km 的轨道；地球静止轨道指的是在地球同步轨道基础上，轨道面倾角为 0°（即平行于赤道）的轨道。

三、陆地卫星

陆地卫星是用于陆地资源和环境探测的卫星。

（一）Landsat 系列卫星

美国于 1972 年 7 月 23 日发射了第一颗地球资源卫星，1975 年改名为 Landsat 卫星。卫星编号为 Landsat 1 ~ 8，其中，使用较多的 Landsat 4 ~ 5 分别于 1982 年、1984 年发射，其上搭载多光谱扫描仪（MSS）和 TM 传感器，空间分辨率分别为 78 m 和 30 m；Landsat 7 于 1999 年发射，其上搭载 TM 及增强型专题绘图仪（ETM+）传感器，最高空间分辨率达到 15 m；Landsat 8 于 2013 年发射，其上搭载陆地成像仪（OLI）及热红外传感器（TIRS）传感器，最高空间分辨率达到 15 m，且具有热红外探测能力。

（二）SPOT 系列卫星

SPOT 系列卫星是由瑞典、比利时等国家参加，在法国国家空间研究中心设计制造的，1986 年发射第一颗 SPOT 卫星——SPOT 1。卫星编号为 SPOT 1 ~ 7，其中使用较多的 SPOT 5 于 2002 年发射，其上搭载 2 台高分辨率传感器（HRG）、1 台高分辨率立体成像传感器（HRS）、1 台宽视域植被探测仪（VGT）等，最高空间分辨率达到 2.5 m。HRS 传感器能够实时获得立体像对，用于生产高精度 DEM。

（三）我国地球资源系列卫星

1999 年，我国在太原卫星发射中心发射了第一颗地球资源卫星，由我国与巴西共同研制，又称为中巴资源卫星一号（CBERS 1），最高空间分辨率为 19.5 m。其中使用较多的资源三号（ZY 3）卫星于 2012 年 1 月 9 日成功发射，是我国首颗民用高分辨率光学传输型立体测图卫星，其全色波段分辨率达到 2.1 m，多光谱波段分辨率分别为 3.5 m 和 5.8 m，高分辨率遥感卫星的发射代表了我国卫星研制能力达到了世界先进水平。

四、海洋卫星

海洋卫星主要是用于海洋资源探测的卫星。

（一）SEASAT 卫星

美国于 1978 年发射 SEASAT 卫星，其卫星轨道为近极地太阳同步轨道，扫描覆盖的海洋宽度为 1 900 km，搭载 5 种传感器（以微波传感器为主）。

（二）MOS 1 卫星

日本于 1987 年发射 MOS 1 卫星，用于获取大陆架浅海区域的海洋数据。

（三）ERS 系列卫星

欧洲空间局于 1991 年发射 ERS 系列卫星，主要用于海洋学、海冰学、海洋污染监测等领域。

（四）RADARSAT 系列卫星

RADARSAT 是加拿大雷达卫星，由加拿大、美国、德国、英国共同设计，于 1995 年发射。

（五）海洋（HY）系列卫星

我国自主研制和发射的海洋环境监测卫星，此系列卫星分为 HY-1A、HY-1B、HY-1C、HY-1D、HY-2B、HY-2C、HY-2D，用于海洋的海面风场、温度场、海面高度、浪场、流场等数据的探测。

海洋卫星特点如下：

（1）需要高空和空间的遥感平台，以进行大面积同步覆盖的观测。

（2）以微波遥感为主。

（3）电磁波与激光、声波的结合是扩大海洋遥感探测手段的一条新路。

（4）可校正海面实测资料。

五、气象卫星

气象卫星是用于对地球及其大气层进行气象观测的卫星，主要应用于天气分析、气象预报、气候研究、气候变迁研究、资源环境、海洋研究、森林火灾、水污染等领域。

（一）地球静止气象卫星监测网

地球静止气象卫星监测网由日本 GMS 系列卫星、俄罗斯的 GOMES 卫星、欧盟的 METEOSAT 3 卫星、印度的 INSAT 卫星以及美国的 GOES-E 卫星和 GOES-W 卫星组成。这些卫星位于赤道上空约 36 000 km 高，每半小时向地球发送一次图片。

（二）风云（FY）系列卫星

风云（FY）系列卫星包括 FY 1～4 号为我国气象领域预测、预警保驾护航，分别于 1988 年、1997 年、2016 年、2021 年发射，用于监测云量、云分布、大气垂直温度、大气水汽含量、海面温度、臭氧含量等。其中，FY 1、FY 3 为极轨卫星，FY 2、FY 4 为地球静止卫星。

（三）全球二氧化碳监测科学实验卫星

全球二氧化碳监测科学实验卫星简称碳卫星，是由我国自主研制的首颗全球大气二氧化碳观测科学实验卫星。这颗卫星搭载了一体化设计的两台科学载荷，分别是高光谱二氧化碳探测仪以及起辅助作用的多谱段云与气溶胶探测仪，能够进行二氧化碳、痕量气体，气溶胶浓度监测。

由于技术难度极高，此前仅有两颗卫星从太空监视地球温室气体排放，一颗由日本于 2009 年发射，一颗由美国于 2014 年发射。2016 年 12 月 22 日 3 时 22 分，我国在酒泉卫星发射中心用长征二号丁运载火箭成功将全球二氧化碳监测科学实验卫星发射升空，再次向世界证明了我国科学家不畏挑战、勇于创新的精神。

六、高空间分辨率卫星

高空间分辨率卫星是全色分辨率小于 5 m 的卫星。

（一）IKONOS 卫星

IKONOS 卫星于 1999 年由美国发射，是世界上第一颗高分辨率的商业遥感卫星。可以采集 1 m 全色和 4 m 分辨率的多光谱影像，共有 4 个波段。至今，IKONOS 卫星已采集到海量涉及各大洲的影像，许多影像被用于国家防御、军事制图、海空运输等领域。

（二）Quick Bird 卫星

Quick Bird 卫星于 2001 年由美国 DigitalGlobe 公司发射，其传感器波段数量与 IKONOS 相同，可采集分辨率为 0.61 m 的全色影像，具有较高的地理定位精度、海量星上存储等优势，被广泛应用到各种领域。

（三）高分系列卫星

高分系列卫星是我国高分辨率对地观测系统专项工程研发的系列卫星，从 2013 年发射 GF 1 号卫星开始，目前已发射 35 颗高分系列卫星，编号为 GF 1 ~ 14 号。其中 GF 1 号卫星搭载全色和多光谱传感器，全色分辨率为 2 m，多光谱分辨率为 8 m 和 16 m。其中涵盖了多光谱卫星、高光谱卫星、光学卫星、微波卫星、SAR 卫星等各型号卫星，成为我国卫星领域的重要组成部分。

七、高光谱卫星

高光谱卫星是一般波段数为 36 ~ 256 个，光谱分辨率在 5 ~ 10 nm，地面分辨率在 30 ~ 1 000 m 的卫星。

（一）MODIS 卫星

MODIS 卫星于 1999 年搭载在美国宇航局发射的 Terra 卫星上发射，光谱范围为 0.4 ~ 4.5 μm，波段数量为 36 个，地面分辨率较低，星下点的空间分辨率为 250 m，500 m，1 000 m，每 1 ~ 2 d 可以完成全球探测。

（二）高分五号卫星

高分五号卫星是世界上第一颗同时对陆地和大气进行综合观测的卫星，于 2018 年 5 月 9 日成功发射，波段数量为 330 个，可见光谱段的光谱分辨率为 5 nm，是我国光谱分辨率最高的遥感卫星，在 60 km 幅宽和 30 m 的空间分辨率下，可实现紫外至长波红外谱段的全谱段观测，通过高精度的"图谱合一"光谱分析可以探测出物质的具体成分。该卫星全面提升了我国大气、水体、陆地的高光谱观测能力，且可对内陆水体、陆表生态环境、蚀变矿物、岩矿类别进行有效探测，为环境监测、资源勘查、防灾减灾等行业提供高质量、高可靠的高光谱数据。

八、微波遥感卫星

微波遥感卫星是搭载微波传感器的主动式遥感卫星，其具有穿透性强、不受天气影响，可全天时、全天候工作的性质。

（一）Sentinel 1 卫星

Sentinel 1 卫星于 2014 年发射，是欧洲航天局（European Space Agency，ESA）哥白尼计

划中的卫星，Sentinel 1 卫星搭载 C 波段合成孔径雷达，主要应用在监测北极海冰范围、海冰测绘、海洋环境监测，土地变化、土壤含水量、产量估计、地震、山体滑坡、城市地面沉降、溢油监测、海上安全船舶检测、洪水淹没等方面。

（二）高分三号卫星

高分三号卫星于 2016 年发射，是我国首颗 C 波段多极化合成孔径雷达卫星，空间分辨率为 1 m，是世界上分辨率最高的 C 波段、多极化卫星。高分三号卫星成像幅宽大，与高空间分辨率优势相结合，既能实现大范围普查，也能详查特定区域，可满足不同用户对不同目标成像的需求，为农业、国土、环保、国安、公安、电子政务与主体功能区、住建、交通、统计、林业、地震、测绘、国防等部门提供监测服务，极大提高了行业应用能力。

任务三　传感器

【知识点】

一、传感器及其分类

传感器也称遥感器、探测器，是远距离探测地物辐射或反射电磁波的仪器，通常安装在不同类型和不同高度的遥感平台上。

按照设计时选用的频率或波段划分，常用的传感器有紫外传感器、可见光传感器、红外传感器、微波传感器等。

（一）紫外传感器

紫外传感器的波长范围在 0.3 ~ 0.38 μm。常用的传感器有紫外摄影机和紫外扫描仪。

（二）可见光传感器

可见光传感器的波长范围在 0.38 ~ 0.76 μm，接受地物反射的可见光电磁波。常用的传感器有多光谱照相机、多光谱扫描仪、电荷耦合器件（CCD）扫描仪、激光高度计和激光扫描仪等。

（三）红外传感器

红外传感器用于接受地物辐射或反射的红外波段电磁波，波长范围在 0.76 ~ 15 μm。常用的传感器有红外摄像机（0.76 ~ 0.9 μm）、陆地卫星上多光谱扫描仪（MSS）中的第 7 波段（0.8 ~ 1.1 μm），专题制图仪（TM）的第 4 波段（0.76 ~ 0.9 μm）、第 5 波段（1.55 ~ 1.75 μm）、第 7 波段（2.08 ~ 2.35 μm）等。

（四）微波传感器

波长范围在 1 mm ~ 1 m。常用的传感器有微波辐射计、散射计、高度计、真实孔径侧式雷达和合成孔径侧式雷达等。

二、传感器的组成

传感器通常由收集器、探测器、处理器和记录输出装置4部分组成。

（一）收集器

收集器主要是收集地物的电磁波，把接收到的电磁波聚集，然后送往探测器。不同传感器使用的收集元件不同，基本元件有透镜组、反射镜组、天线等。

（二）探测器

探测器是真正接收地物电磁辐射的器件，通过光化学反应或光电效应将收集到的电磁辐射能量转变为化学能或电能，以区分目标辐射能量大小。常用的探测元件有感光胶片、光电管、光敏和热敏元件、共振腔谐振器等。

（三）处理器

处理器将探测获得的辐射能信号进行处理，如将信号放大、变换、校正、量化等，以获取影像信息。常用的处理器有摄影处理装置和电子处理装置。

（四）记录输出装置

传感器的最终目的是把接收到的各种电磁波信息，用适当的方式记录输出。用于记录信息的装置有高密度磁带、高速阵列磁盘等；用于输出的装置有扫描晒像仪、阴极射线管、电视显像管等。

三、传感器的性能参数

传感器的性能表现在多个方面，其中最具实用意义的是传感器的分辨率，包括空间分辨率、时间分辨率、光谱分辨率、辐射分辨率。

（一）空间分辨率

空间分辨率指遥感影像上能够详细区分的最小单元的尺寸或大小。

（二）时间分辨率

时间分辨率指对同一目标进行重复探测时，相邻两次探测的时间间隔。

（三）光谱分辨率

光谱分辨率指遥感器所能记录的电磁波谱中，某一特定的波长范围值。波长范围值越宽，光谱分辨率越低。

（四）辐射分辨率

辐射分辨率指传感器所能探测的最小辐射功率，归结到影像上指影像灰度值的最小差值。

【技能点】

一、遥感平台及传感器调研

（一）技能目标

掌握不同类型遥感平台及传感器调查与统计。

（二）训练内容

（1）通过不同平台进行国内外各种遥感平台轨道参数的调查与统计。
（2）通过不同平台进行国内外各种传感器波段参数的调查与统计。

（三）操作步骤

1. 通过"地理空间数据云"查看信息

（1）打开地理空间数据云，依次点击"数据资源"→"公开数据"（图 2-3-1）。

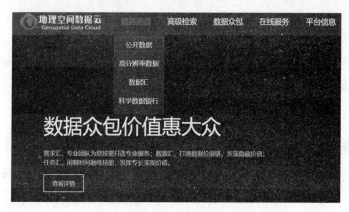

图 2-3-1　地理空间数据云官网

（2）选择"Landsat 8 OLI_TIRS 卫星数字产品"，点击"i"（图 2-3-2），查看信息（图 2-3-3）。

图 2-3-2　选择查看的信息

产品描述

2013年2月11日，美国航空航天局（NASA）成功发射Landsat-8卫星。Landsat-8卫星上携带两个传感器，分别是OLI陆地成像仪（Operational Land Imager）和TIRS热红外传感器（Thermal Infrared Sensor）。Landsat-8在空间分辨率和光谱特性等方面与Landsat-7保持了基本一致，卫星一共有11个波段，波段1-7、9-11的空间分辨率为30米，波段8为15米分辨率的全色波段，卫星每16天可以实现一次全球覆盖。

OLI陆地成像仪有9个波段，成像宽幅为185x185km，与Landsat-7上的ETM传感器相比，OLI陆地成像仪做了以下调整：1. Band 5的波段范围调整到0.845-0.885 μm，排除了0.825μm处水汽吸收的影响；2. Band 8全色波段范围变窄，从而可以更好区分植被和非植被区域；3. 新增两个波段，Band 1蓝色波段（0.433-0.453 μm）主要应用于海岸带观测，Band 9波段红外波段（1.360-1.390 μm）应用于云检测。LandSat-8上携带的TIRS热红外传感器主要是为收集地球两个热红外波段的热量流失，目标是了解所观测地用水消耗。

产品说明

	波段	波长（微米）	分辨率（米）
	波段1-气溶胶	0.43-0.45	30
	波段2-蓝	0.45-0.51	30
	波段3-绿	0.53-0.59	30
Landsat 8	波段4-红	0.64-0.67	30
OLI陆地成像仪	波段5-近红	0.85-0.88	30
TIRS热红外传感器	波段6-SWIR1	1.57-1.65	30
	波段7-SWIR2	2.11-2.29	30
	波段8-全色	0.50-0.68	15
	波段9-Cirrus	1.36-1.38	30
	波段10-TIRS热红外传感器1	10.60-11.19	100
	波段11-TIRS热红外传感器2	11.50-12.51	100

图 2-3-3　查看 Landsat 8 OLI_TIRS 卫星数字产品的信息

2. 通过中国资源卫星应用中心查看信息

（1）打开中国资源卫星应用中心（图 2-3-4）。

陆地观测卫星监测"苏拉"等多起台风

环境减灾二号06星首轨数据成功处理 | 资源卫星中心紧急调动16颗卫星安排成像 助力华北东北抗灾救灾

图 2-3-4　中国资源卫星应用中心官网

（2）选择"卫星资源"→"高分四号"，点击"了解详情"（图 2-3-5），查看信息。

高分四号（GF-4）卫星于2015年12月29日在西昌卫星发射中心成功发射，是我国第一颗地球同步轨道遥感卫星，搭载了一台可见光50米/中波红外400米分辨率、大于400公里幅宽的凝视相机，采用面阵凝视方式成像，具备可见光、多光谱和红外成像能力，设计寿命8年，通过指向控制，实现对中国及周边地区的观测。高分四号卫星为我国减灾、林业、地震、气象应用提供快速、可靠、稳定的光学遥感数据，为灾害风险预警预报、林火灾害监测、地震构造信息提取、气象天气监测等业务补充了全新的技术手段，开辟了我国地球同步轨道高分辨率对地观测的新领域。同时，高分四号卫星在环保、海洋、农业、水利等行业以及区域应用方面，也具有巨大潜力和广阔空间。高分四号卫星主用户为民政部、林业局、地震局、气象局。

参　数	指　标
轨道类型	地球同步轨道
轨道高度	36000km
定点位置	105.6°E

GF-4卫星轨道参数

	谱段号	谱段范围（μm）	空间分辨率（m）	幅宽（km）	重访时间
可见光近红外（VNIR）	1	0.45～0.90	50	400	20s
	2	0.45～0.52			
	3	0.52～0.60			
	4	0.63～0.69			
	5	0.76～0.90			
中波红外（MWIR）	6	3.5～4.1	400		

GF-4卫星有效载荷技术指标

图 2-3-5　查看高分四号的信息

（四）成果要求

（1）自行通过自然资源卫星遥感云服务平台等网站查看卫星及传感器的信息。

（2）每位同学分别统计国内外各 2 颗卫星的信息，包括卫星轨道参数以及搭载的传感器波段、分辨率等信息。

二、遥感数据基本信息读取（通过 ENVI 软件）

（一）技能目标

掌握利用 ENVI 软件对影像数据信息进行读取的方法。

（二）训练内容

（1）在 ENVI 软件中，查看影像元数据信息。

（2）在 ENVI 软件中，通过统计计算，查看影像数据最大值、最小值等统计信息。

（三）操作步骤

1. 打形影像元数据信息

（1）依次点击菜单栏的"文件"→"打开"，选择下载影像中 LC08_L1TP_12204420131129_20170428_01_T1 B8.TIF 波段（以下简称 B8）（图 2-3-6）。

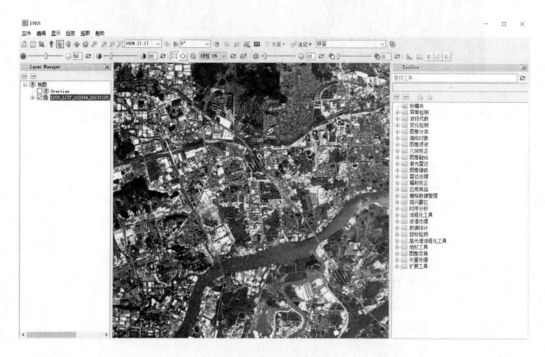

图 2-3-6　打开遥感影像

（2）在图层上点击"右键"，选择"查看元数据"（图2-3-7），打开元数据面板。

图 2-3-7　查看元数据菜单

2. 读取影像元数据信息

（1）选择"栅格"，读取栅格信息（图2-3-8）。

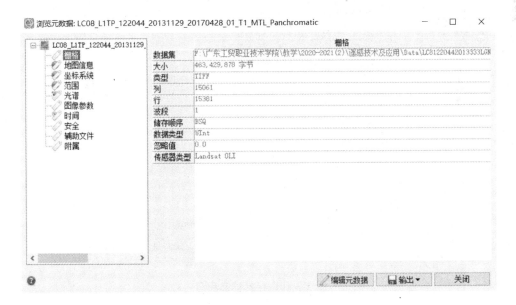

图 2-3-8　栅格信息窗口

（2）选择"地图信息"，读取地图信息（图2-3-9）。

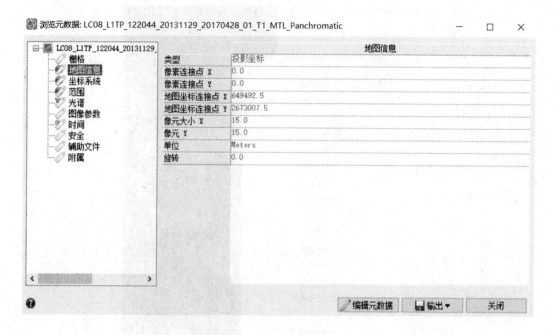

图 2-3-9　地图信息窗口

（3）选择"坐标系统"，读取坐标系统信息（图2-3-10）。

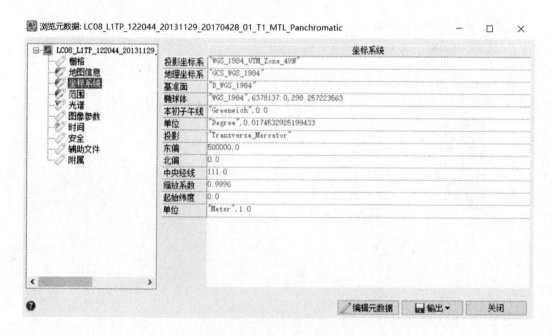

图 2-3-10　坐标信息窗口

（4）选择"范围"，读取范围信息（图2-3-11）。

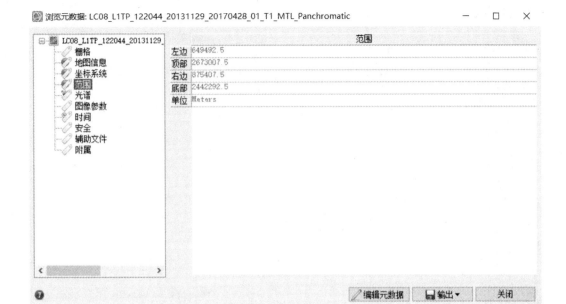

图 2-3-11　范围信息窗口

（5）选择"光谱"，读取光谱信息（图 2-3-12）。

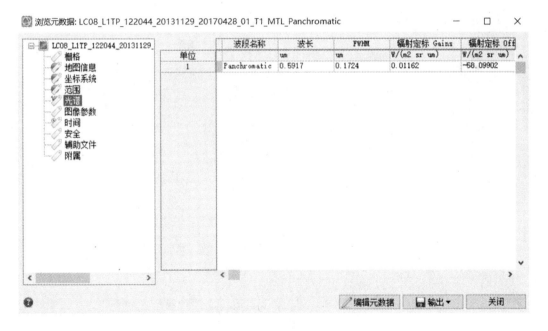

图 2-3-12　光谱信息窗口

（6）选择"影像参数"，读取影像参数信息（图 2-3-13）。

注意：书中部分图片中的"图像"与"影像"意同，正文中统一按"影像"叙述。

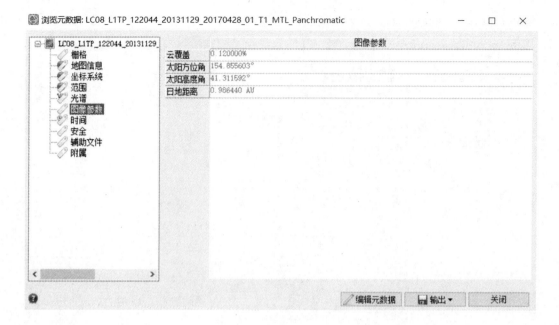

图 2-3-13　影像参数信息窗口

（7）选择"时间"，读取时间信息（图 2-3-14）。

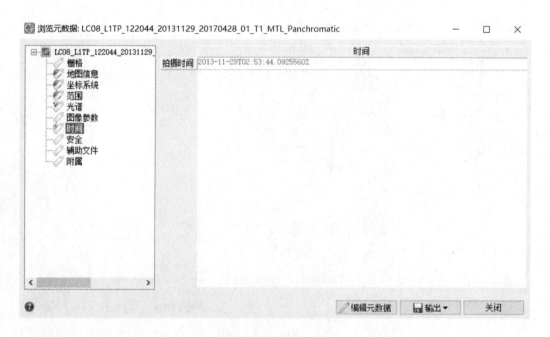

图 2-3-14　时间信息窗口

（8）选择"辅助文件"，读取辅助文件信息（图 2-3-15）。

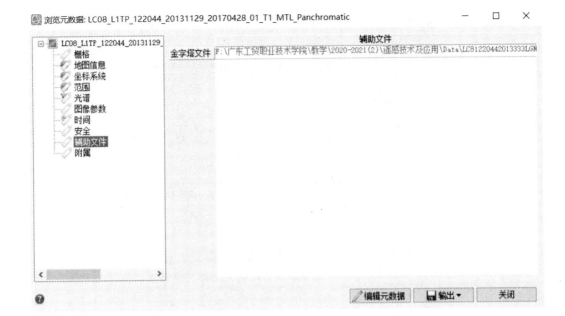

图 2-3-15　辅助文件信息窗口

（9）选择"附属"，读取附属信息（图 2-3-16）。

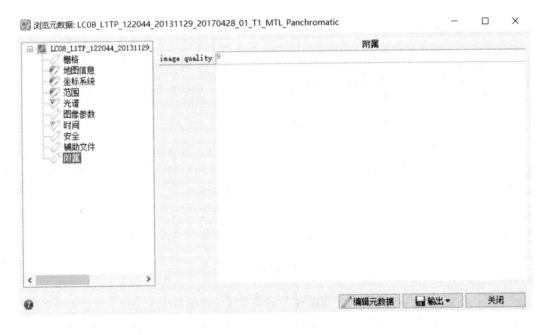

图 2-3-16　附属信息窗口

3. 读取影像统计信息

在图层上点击"右键"，选择"快速统计"，即可打开统计面板，读取数据最小值、最大值、平均值、标准差和直方图信息（图 2-3-17）。

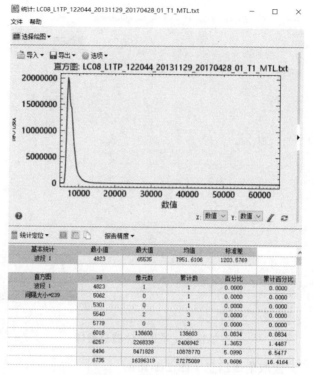

图 2-3-17　统计信息窗口

（四）成果要求

（1）利用 ENVI 软件完成影像信息读取，并对各种信息进行解释说明。

（2）利用统计工具，对影像信息进行统计。

项目小结

　　本项目介绍了遥感的物理基础、遥感平台的主要类别、传感器的组成及性能参数；阐述了遥感平台调研、数据下载及信息查看流程。通过本项目的学习，学生能够掌握电磁波、电磁波谱概念及组成；太阳、地球、黑体等辐射源电磁波发射特性，太阳辐射过程中的各种相互作用；传感平台的分类标准、传感器分类标准及性能参数。此外，学生还能够掌握遥感数据下载及信息查看的操作流程，具备遥感应用中基础的数据筛选及获取能力。

思考题

　　（1）晴朗的天空为何呈现蓝色？朝霞和夕阳又为何呈现橘红色？

　　（2）遥感数据有哪些下载网站，都有哪些类型数据可供下载？影像上云量过高，会对具体应用造成何种影响？

　　（3）除了以 ENVI 软件形式读取影像信息，是否有其他方法能够读取影像信息？

遥感影像及其预处理

知识目标

◆ 了解遥感影像的组成与记录形式
◆ 掌握遥感影像校正、裁剪、镶嵌等操作

技能目标

◆ 懂得遥感影像的预处理意义
◆ 会使用 ENVI 对 Landsat 数据进行预处理
◆ 能对常用遥感数据进行预处理

素质目标

◆ 了解遥感影像使用的条件
◆ 了解数字与影像之间的关系

任务导航

◆ 任务一 遥感影像基础
◆ 任务二 遥感影像预处理

任务一　遥感影像基础

【知识点】

一、数字影像与数字化影像

数字影像是通过将模拟影像的连续性信息转化为离散的像素点集合来表示的过程。模拟影像是由连续的光强度变化所组成的，而数字影像则是将这些光强度值通过采样和量化的方式转换为离散的数字值。这种离散化过程涉及采样和量化两个主要步骤。

在采样阶段，模拟影像中的连续光强度被离散地抽取成像素点。通过在影像上均匀或非均匀地选取采样点，可以捕捉到影像中的局部信息并将其转化为离散的采样值。

在量化阶段，采样得到的连续数值被映射成离散的数字值（图 3-1-1）。这个过程涉及将

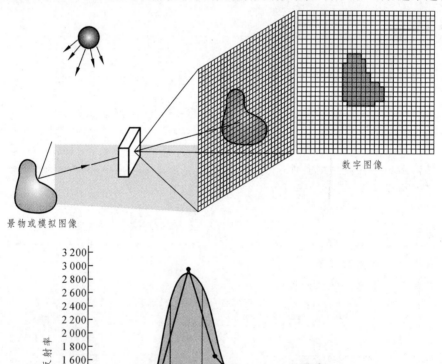

图 3-1-1　连续边缘到离散像素的量化采样过程

连续的光强度范围划分为有限的离散级别，并将每个采样值映射到离散级别中最接近的数值。例如，常见的 8 位灰度影像将光强度量化为 256 个离散级别。采样量化的基本单元是像素（pixel），它也是数字影像最基本的单位。

一个 M 行×N 列的遥感影像实际对应一个 $M×N$ 的数字矩阵，如图 3-1-2 所示。

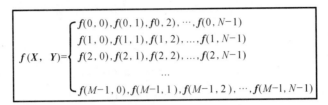

$$f(X,\ Y)=\begin{cases} f(0,0),f(0,1),f0,2),\cdots,f(0,N-1)\\ f(1,0),f(1,1),f(1,2),\ldots,f(1,N-1)\\ f(2,0),f(2,1),f(2,2),\cdots,f(2,N-1)\\ \cdots\\ f(M-1,0),f(M-1,1),f(M-1,2),\cdots,f(M-1,N-1) \end{cases}$$

图 3-1-2　离散像素的矩阵表示形式

二、遥感数字影像坐标系统

遥感影像（图 3-1-3）是地理信息的一种表达方式，其与普通影像的一个重要区别是遥感影像具有地理信息，例如影像所在的坐标系、比例尺，影像上点的坐标、经纬度，长度单位及角度单位等。

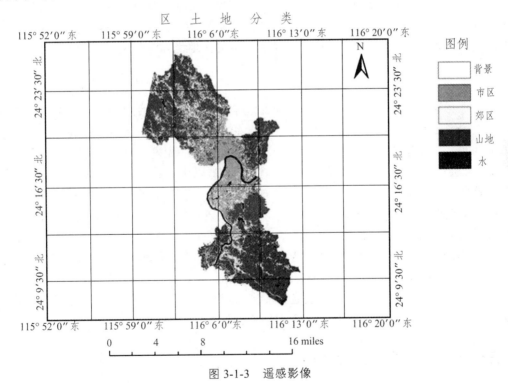

图 3-1-3　遥感影像

遥感影像附带的地理信息，能够帮助程序完成影像的实地定位、校正辅助、镶嵌辅助等方位记录功能。我国使用过地理坐标系统主要包括如下几种：

（1）1954 北京坐标系。

采用了苏联的克拉索夫斯基椭球参数，并与苏联 1942 年坐标系进行联测，通过计算建立了我国大地坐标系，并于 1954 年完成测定工作，故命名为 1954 北京坐标系。

在当时，1954北京坐标系满足了我国测绘事业发展的需要，且在此后很长一段时间内，也为我国的经济建设做出了应有的贡献。但是随着测绘新理论、新技术的不断发展，1954北京坐标系的缺点也愈加明显，其中最大的问题就是精度不够、误差较大。其原因是1954北京坐标系所采用的克拉索夫斯基椭球参数的误差较大，与现代的精确值相比，长半轴大了约109 m。并且，参考的椭球面更适合西伯利亚地区，与我国似大地水准面存在着明显的自西向东的系统倾斜，东部地区最大差值达60余米，现已停止使用。

（2）1980西安坐标系。

为了解决1954北京坐标系的种种缺陷，1978年4月在西安召开了全国天文大地网平差会议，会议确定了重新定位、建立我国新大地坐标系的目标，即后来的1980西安坐标系。经测绘前辈们两年的无私奉献，终于在1980年完成全部测绘工作。1980西安坐标系采用的地球椭球基本参数为1975年国际大地测量与地球物理联合会推荐的数据，大地原点设在我国中部的陕西省泾阳县永乐镇，位于西安市西北方向约60 km，故称之为1980西安坐标系。

1980西安坐标系的椭球参数与克拉索夫斯基椭球相比，其精度较高。椭球长半轴、扁率、地球引力常数、地球自转角速度等4个参数既确定了几何形状，又表明了地球的基本物理特征，从而将大地测量学与大地重力学的基本参数统一起来。1980西安坐标系与1954北京坐标系相比，轴系与参考基本面明确，参考椭球与我国似大地水准符合较好，高程异常的等值线零线有两条穿过我国东部和西部，一般地区高程异常在+20～-20 m。1980西安坐标系是综合利用我国30年来天文、重力、三角测量资料建成的大地坐标系，是一个真正契合我国的坐标系。

（3）2000国家大地坐标系。

无论是1984北京坐标系，还是1980西安坐标系，都只能提供二维平面坐标，而2000国家大地坐标系是我国当前最新的国家大地坐标系，英文全称为 China Geodetic Coordinate System 2000，缩写为 CGCS2000，是新时代下测绘人的又一先进成果。

随着社会的进步，国民经济建设、国防建设、社会发展、科学研究等对国家大地坐标系提出了新的要求，迫切需要采用原点位于地球质量中心的坐标系（以下简称地心坐标系）作为国家大地坐标系。采用地心坐标系，有利于采用现代空间技术对坐标系进行维护和快速更新，以测定高精度大地控制点三维坐标，并提高测图工作效率。

2000国家大地坐标系的原点为包括海洋和大气的整个地球的质量中心；Z 轴指向 BIH（国际时间局）1984.0 定义的协议极地方向，X 轴指向 BIH1984.0 定义的零子午面与协议赤道的交点，Y 轴与 Z 轴、X 轴构成右手正交坐标系。结合长半轴、扁率、地心引力常数、自转角速度等几何物理参数，2000国家大地坐标系能够提供数倍于1980西安坐标系的地表定位服务。

三、遥感数字影像存储系统

对于有多个波段的遥感数据，其存储顺序主要有波段顺序（Band Sequence，BSQ）、行顺序（Band Interleaved by Line，BIL）及像素顺序（Band Interleaved by Pixed，BIP）。

（1）BSQ 格式是按波段顺序记录遥感影像数据的格式（图 3-1-4），每个波段的影像数据文件单独形成一个影像文件，每个影像中的数据文件按照其扫描成像时的次序以行为一个记录顺序存放，存放完第一波段，再存放第二波段，一直到所有波段数据存放完为止。

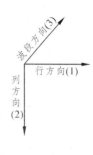

图 3-1-4　波段顺序记录数据格式

（2）BIL 格式是一种按照行顺序交叉排列的遥感数据格式（图 3-1-5），BIL 格式存储的影像数据文件由 N 个（如 TM 影像的 $N=7$）波段影像数据组成，一个记录为一个波段的一条扫描线，扫描线的排列顺序是按波段顺序交叉排列的。

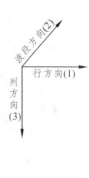

第一波段	(1,1)	(1,2)	(1,3)	(1,4)	(1,5)	…
第二波段	(1,1)	(1,2)	(1,3)	(1,4)	(1,5)	…
第三波段	(1,1)	(1,2)	(1,3)	(1,4)	(1,5)	…
…					…	
第 n 波段	(1,1)	(1,2)	(1,3)	(1,4)	(1,5)	—
第一波段	(2,1)	(2,2)	(2,3)	(2,4)	(2,5)	…
第二波段	(2,1)	(2,2)	(2,3)	(2,4)	(2,5)	…
…					…	

图 3-1-5　行顺序记录数据格式

（3）BIP 格式是按照像元顺序记录影像数据的格式（图 3-1-6），即在一行中按每个像元的波段顺序排列，各波段数据间交叉记录，如同在波段组成的书页上不断地穿针一样。

项目	第一波段	第二波段	第三波段	…	第 n 波段
第一行	(1,1)	(1,1)	(1,1)	…	(1,1)
第二行	(2,1)	(2,1)	(2,1)	…	(2,1)
…			…		
第 N 行	(n,1)	(n,1)	(n,1)	…	(n,1)

图 3-1-6　像元顺序记录数据格式

任务二　遥感影像预处理

【知识点】

一、遥感影像辐射校正概述

辐射校正（Radiometric Correction）是指对由于外界因素导致数据获取和传输系统产生系统的、随机的辐射失真或畸变进行的校正，消除或改正因辐射误差而引起影像畸变的过程。辐射误差产生的原因可以分为传感器响应特性、太阳辐射情况以及大气传输情况等。传感器记录的原始 DN 值（Digital Number，遥感影像像元亮度值）是一些无量纲的数字，而通过辐射定标方法可以将这些 DN 值转换为辐射亮度值、反射率值和温度等物理量。如图 3-2-1 所示为遥感数据的大气校正效果。

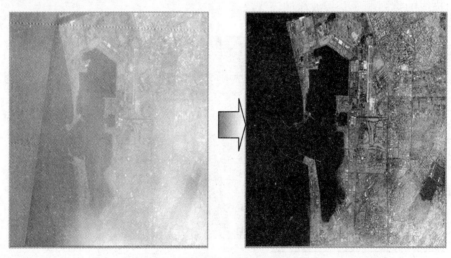

图 3-2-1　遥感数据的大气校正效果

二、遥感影像几何校正概述

遥感影像的几何校正，也称几何纠正。当遥感影像在几何位置上发生了变化，产生诸如行列不均匀、像元大小与地面大小对应不准确、地物形状不规则变化等畸变时，即说明遥感影像发生了畸变，几何校正即是对这种畸变的校正，如图 3-2-2 所示为遥感数据几何畸变的原因。同时，几何校正是一个将影像数据投影到平面上，使其符合地图投影系统的过程，通过该过程即可为影像赋予地理参考。如图 3-2-3 所示为遥感数据的校正效果。

几何校正分为系统校正和精确校正。其中，系统校正在卫星地面接收站进行，这种校正针对畸变的具体原因，对由传感器特性和遥感器的瞬时位置、高度、速度、旋转、行距、偏航以及地球自转等引起的误差进行系统校正。需要注意的是，一方面，这一校正不能完全消除由地球曲率、大气折射以及地形变化等引起的误差，还需进一步校正；另一方面，用户拿到系统校正产品后，由于使用目的不同和投影及比例尺不同，仍需进一步校正，即精确校正。

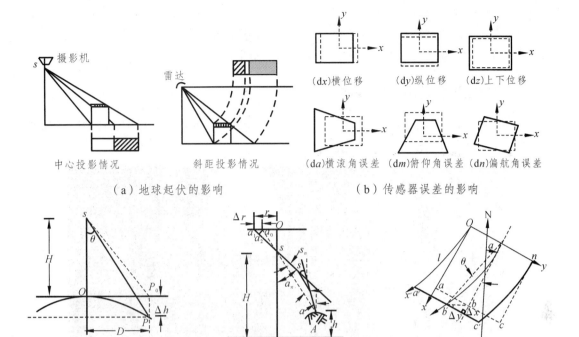

（a）地球起伏的影响

（b）传感器误差的影响

（dx）横位移　（dy）纵位移　（dz）上下位移

（da）横滚角误差　（dm）俯仰角误差　（dn）偏航角误差

（c）地球曲率的影响　　（d）方向投影成像时大气折射的影响　　（e）地球自转的影响

图 3-2-2　遥感数据几何畸变的原因

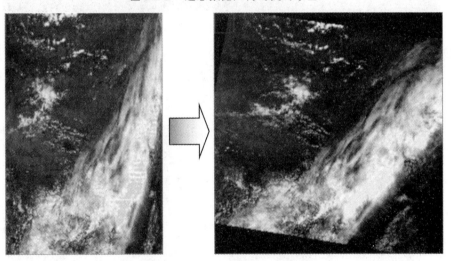

图 3-2-3　遥感数据的校正效果

精确校正即几何精校正，是用地面控制点（GCP）进行的几何校正，这种校正不考虑引起畸变的原因，其实质是用数学模型来近似描述遥感影像的几何畸变过程，并且认为遥感影像的总体畸变可以看作是挤压、扭曲、缩放、偏移以及更高次基本变形的综合作用的结果，利用畸变的遥感影像与标准地图或影像之间的一些对应点（即控制点数据对）求得这个几何畸变模型，然后利用此模型进行几何畸变的校正。几何精校正的基本过程如下：

（1）根据影像的成像方式确定影像坐标和地面坐标之间的数学模型。

（2）根据地面控制点和对应像点坐标进行平差计算变换参数，评定精度。

（3）对原始影像进行几何变换计算，像素灰度重采样。

三、遥感影像的裁剪与镶嵌

遥感影像裁剪（图3-2-4）即针对研究或使用需要，从整幅遥感影像中，裁剪出部分区域或部分波段的操作过程。

图 3-2-4　遥感数据的裁剪效果

遥感影像镶嵌（图3-2-5）是指当研究区超出单幅遥感影像所覆盖的范围时，通常需要将两幅或多幅影像（可能来自不同成像条件）拼接起来形成一幅或一系列覆盖全区的较大影像的操作过程。

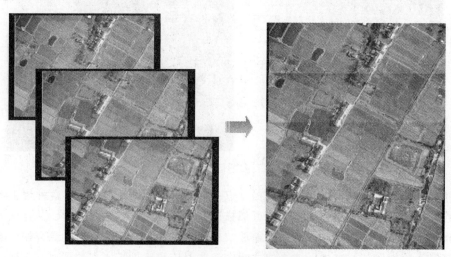

图 3-2-5　遥感数据的镶嵌效果

【技能点】

一、遥感影像辐射校正

以下以 Landsat 8 数据为例,展示其辐射定标过程。

(1)首先打开 Landsat 8 数据的 MTL 文件,如图 3-2-6 所示。

图 3-2-6 Landsat 8 数据 MTL 文件

(2)在右侧工具箱选择"Radiometric Correction"(辐射校正),在工具包中找到"Radiometric Calibration"(辐射定标)工具并点击,如图 3-2-7 所示。

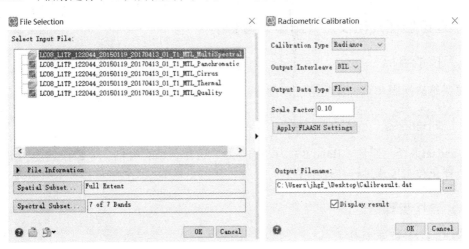

图 3-2-7 Landsat 8 辐射定标设置

（3）选择多光谱数据集"LC08_L1TP_122044_20150119_200170413_01_T1_MultiSpectral"。打开后定标类型选择"Radiance"（辐射亮度值），输出格式选择"BIL"，输出排列方式选择"BIL"，输出数据类型选择"Float"，系数输入"0.1"（也可直接点击"Apply FLAASH Settings"按钮自动设置以上参数）。最后设置输出文件名及路径后点击"OK"，等待辐射定标结果（图3-2-8）。

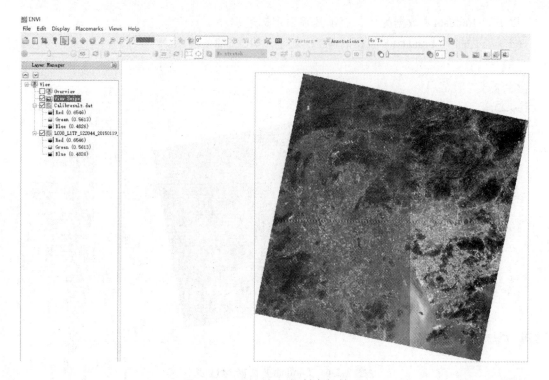

图 3-2-8　Landsat 8 辐射定标效果

（4）完成后通过"View"（视图）工具栏中的"View Swipe"（推扫）等工具观察校正效果。

二、遥感影像几何校正（影像到影像）

（一）技能目标

掌握遥感数据影像对影像几何校正的方法。

（二）训练内容

以 Landsat 8 全色影像（Band 8）为基准，每人分别将组合好的 7 个波段的多光谱遥感数据利用流程化校正工具进行几何校正。

（三）操作步骤

1. 选择影像配准文件

打开基准影像"项目三\L8b8_Base"和待校正数据"项目三\L8b1-8_std"，如图3-2-9所示。

图 3-2-9　几何校正数据

2. 打开"影像对影像校正"工具（图 3-2-10）

图 3-2-10　"影像对影像校正"工具

3. 设置基准影像和待校正影像

选择基准影像为高分辨率全色波段"L8b8_Base"（图 3-2-11）。

选择待校正影像为"L8b1-8_std"（图 3-2-12）。

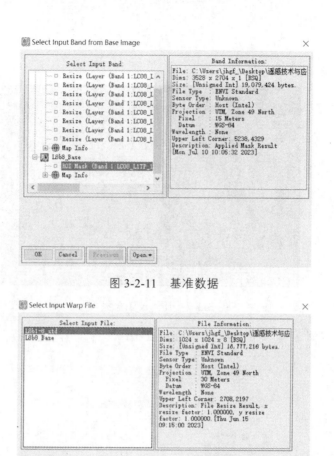

图 3-2-11　基准数据

图 3-2-12　待校正数据

4. 自动生成控制点

（1）设置匹配波段（图 3-2-13）。

（2）选择已有的连接点文件（图 3-2-14）。

此处选"否（N）"（对于无地理参考系的数据校正，需要使用 ENVI Classic 手动标记 GCP）。

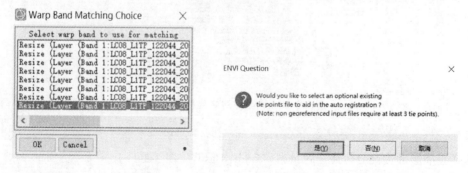

图 3-2-13　设置匹配波段　　　　　　　图 3-2-14　选择连接点文件

（3）设置连接点生成参数（图 3-2-15）。

主要调节参数为连接点个数，其调节参数不应小于$(n+1)(n+2)/2$，其中 n 表示校正模型多项式的最高次项次数。

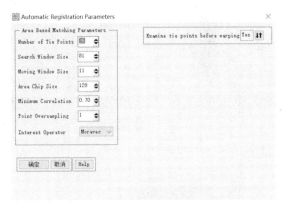

图 3-2-15　连接点参数设置

（4）自动生成连接点。

点击确定即可生成连接点，如图 3-2-16 所示。ENVI 将列出点在两影像的位置及均方根误差（RMS）。

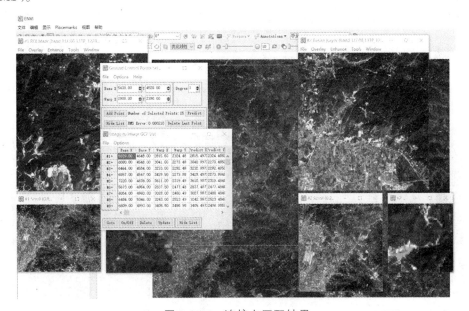

图 3-2-16　连接点匹配结果

5. 调节控制点

（1）连接点质量排序。

在 GCP 列表窗口的"Options"选项卡内可对连接点的 RMS 进行排序，如图 3-2-17 所示。

（2）添加/删除连接点。

排序找到误差影响较大的控制点后，点击"Delete"可将选定的 GCP 从列表删除，如图 3-2-18 所示。

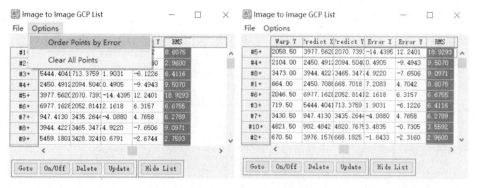

图 3-2-17　连接点排序

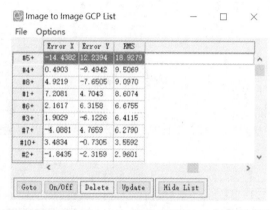

图 3-2-18 连接点精选

　　在左右窗口对准同一地物点后，点击"Add Point"可增加 GCP，若点击"Update"则将替换掉已选中的 GCP，如图 3-2-19 所示。

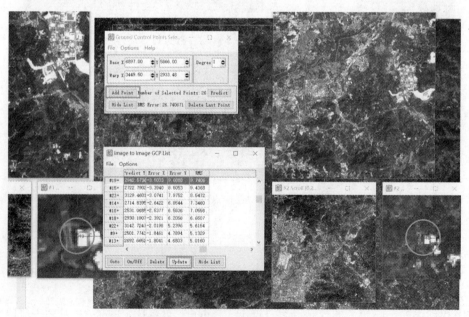

图 3-2-19　增加与修改连接点

使用增加、删除、修改等功能反复修正地面控制点列表，直到总 RMS<1,总点数>$(n+1)(n+2)/2$，如图 3-2-20 所示。

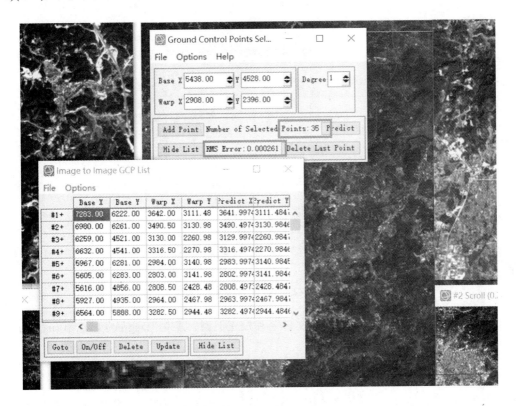

图 3-2-20　连接点优化结果

6. 存储控制点列表

保存为".pts"文件，待校正时输出使用，如图 3-2-21 所示。

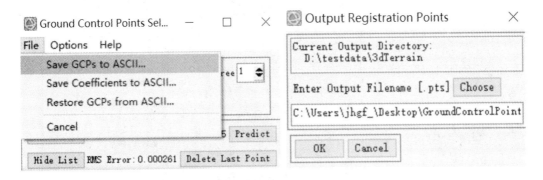

图 3-2-21　连接点的保存与输出

7. 影像到影像校正

打开上一步保存好的控制点文件"GroundControlPoint.pts"，准备好地面控制点".pts"文件后，即可依次点击工具箱的"几何校正"→"影像配准"→"控制点校正"→"影像对影像校正"（图 3-2-22），完成校正，设置待校正影像与基准影像。

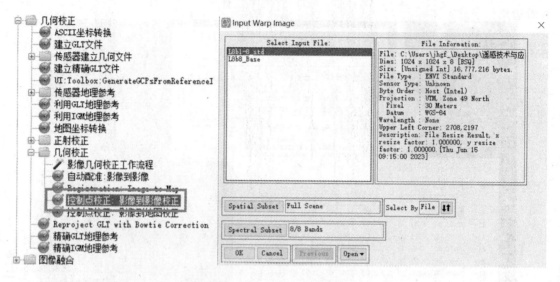

图 3-2-22　影像到影像校正

然后设置校正参数，主要包括输出文件名和校正类型，其中"Degree"即公式$(n+1)(n+2)/2$中的 n，如图 3-2-23 所示。

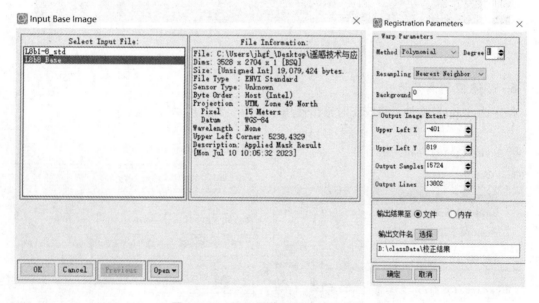

图 3-2-23　设置影像到影像校正参数

8. 检查校正结果

将校正好的影像打开，选择 10 个以上的位置，目视查看校正质量（图 3-2-24），重点是查看边角位置的校正质量。可以用闪烁、透视、卷帘等工具检查。

图 3-2-24　检查影像到影像校正结果

（四）成果要求

实训报告 1 份，里面包括主要步骤的描述和截图、存在问题及解决办法等（特别是连接点的列表、分布情况、最终检查结果截图）。实训报告的命名格式为"学号+姓名+影像到影像校正实训报告"，并提交到教学平台。

三、遥感影像几何校正（流程化工具）

（一）技能目标

掌握遥感数据流程化几何校正的方法。

（二）训练内容

以 Landsat 8 全色影像（Band 8）为基准，每人分别将组合好的多光谱遥感数据，利用流程化校正工具进行几何校正。

（三）操作步骤

1. 选择影像配准文件

打开基准影像"项目三\L8b8_Base"和待校正影像"项目三\L8b1-8_std"，如图 3-2-25 所示。

图 3-2-25　几何校正数据

2. 打开几何校正（图 3-2-26）

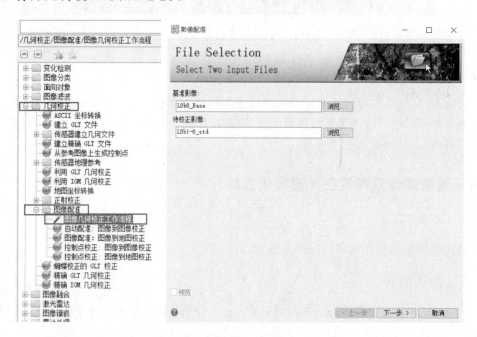

图 3-2-26　几何校正与基准影像设置

3. 设置基准影像和待校正影像

基准影像为高分辨率全色波段"L8b8_Base"。

待校正影像为"L8b1-8_std"。

4. 自动和手动生成连接点

（1）设置主面板选项卡。

可不做修改，直接使用默认值，如图 3-2-27 所示。

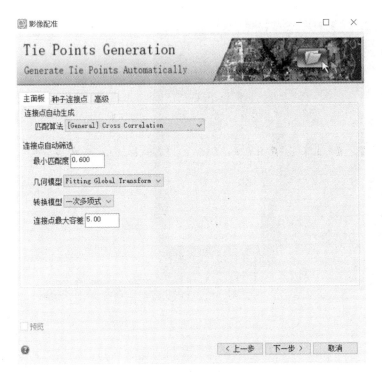

图 3-2-27　生成连接点

（2）设置种子连接点选项卡，添加种子点。

点击"开始编辑"，依次在基准影像和待校正影像选择连接点，如图 3-2-28 所示。

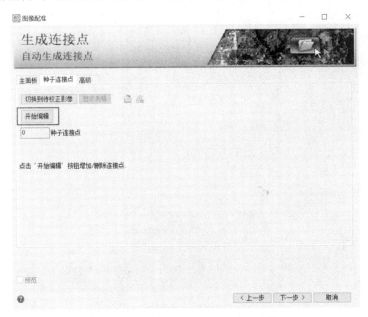

图 3-2-28　流程化校正工具添加连接点

在基准影像上左键点击连接点，然后点击右键选择"接受为独立点"并确定，如图 3-2-29 所示。

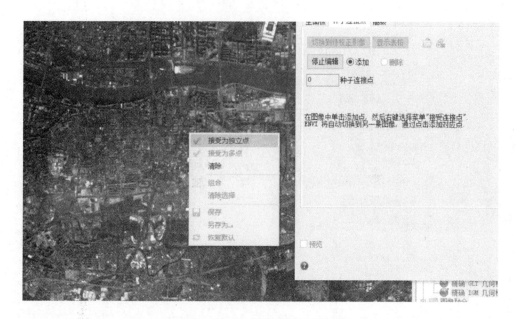

图 3-2-29 基准影像添加连接点

　　添加成功后将自动切换到待校正的影像，左键点击连接点，然后点击右键选择"接受为独立点"并确定，如图 3-2-30 所示。

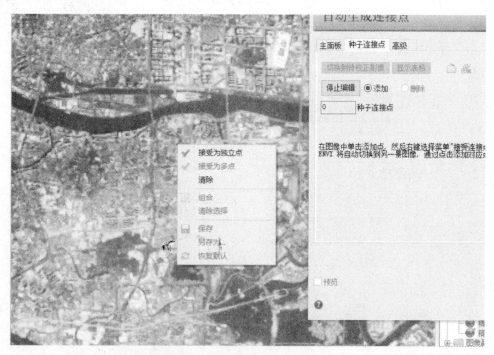

图 3-2-30 待校正影像添加连接点

　　如图 3-2-31 所示，第一个连接点添加完成。

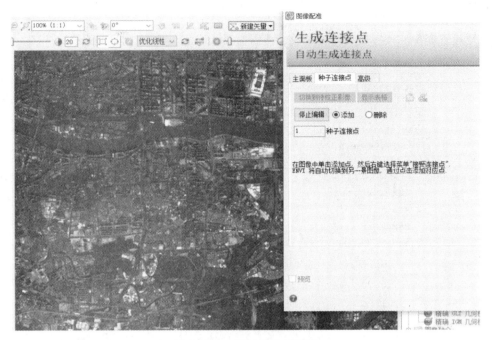

图 3-2-31　确认添加连接点

　　同理可添加其他多个种子连接点。其个数要求最少在$(n+1)(n+2)/2$ 个以上，其中 n 为主选项卡中"校正模型：n 次多项式"的次数，如一次多项式则至少为 $2 \times 3 = 6$ 个，如图 3-2-32 所示。

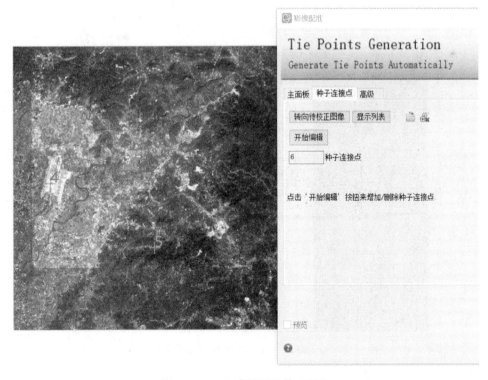

图 3-2-32　完成种子连接点添加

（3）设置高级选项。

主要设置匹配波段、最大连接点数、搜索窗口大小等，如图 3-2-33 所示。

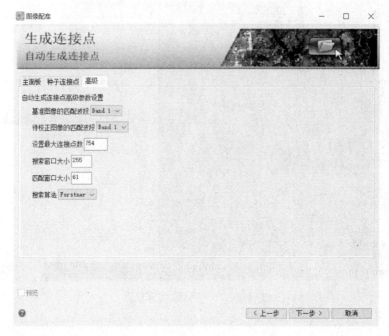

图 3-2-33　连接点自动匹配设置

（4）自动匹配连接点。

点击下一步，查看匹配的连接点，如图 3-2-34 所示。

图 3-2-34　完成连接点自动匹配

（5）查看及调整连接点。

点击"显示列表"，查看连接点，如图 3-2-35 所示。

图 3-2-35　查看连接点

连接点自动按照误差（ERROR）进行排序，可以将误差大于 1 的连接点双击，查看匹配的情况，如果不合理，可以删除或者调整。

完成连接点优化后，设置校正参数，包括校正方法、重采样方法、输出像元大小参照等，如图 3-2-36 所示。

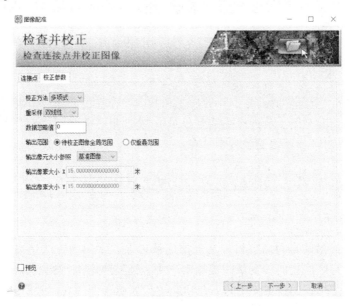

图 3-2-36　几何校正参数设置

5. 设置输出参数

点击"下一步"，设置输出参数，包括输出文件名、路径、连接点，然后开始校正。

6. 校正结果检查

将校正好的影像打开，选择 10 个以上的位置，目视查看校正质量（图 3-2-37），重点是查看边角位置的校正质量。可以用闪烁、透视、卷帘等工具。

图 3-2-37　几何校正结果查看

（四）成果要求

实训报告 1 份，里面包括主要步骤的描述和截图、存在的问题及解决办法等（特别是连接点的列表和分布情况截图、最终检查结果截图）。实训报告命名格式为"学号+姓名+几何校正流程化工具实训报告"，并提交到教学平台。

四、遥感影像裁剪（规则裁剪-另存方式）

（一）技能目标

遥感影像裁剪的目的是将研究目标之外的区域去除。常用的方法是按照行政区划边界或者自然区划边界进行影像裁剪。在基础数据生产中，还要经常进行标准分幅裁剪。

本实训的目的是掌握通过 ENVI 的另存功能进行遥感影像的规则裁剪。

（二）训练内容

每人将自己下载的 TM/ETM+影像组合为多光谱影像并且进行校正后，按照实训步骤，完成如下实训内容：

（1）裁剪当前可视范围内的遥感影像。

（2）以遥感影像的中心点为起点，手动输入坐标，分别向东、南、西、北四个方向，裁剪遥感影像范围的 1/3 区域。

（3）以遥感影像的中心点为起点，手动输入行列号，分别向东、南、西、北四个方向，裁剪遥感影像范围的 1/4 区域。

（4）在遥感影像上手动拉框，裁剪出不少于整个遥感影像范围的 1/2 区域。

（5）使用外部栅格文件确定裁剪框，裁剪影像。

（6）使用外部矢量文件确定裁剪框，裁剪影像。

（三）操作步骤

规则裁剪，是指裁剪遥感影像的边界范围是一个矩形，这个矩形范围的获取途径包括行列号、左上角和右下角两点坐标、遥感影像文件、ROI/矢量文件。规则分幅裁剪功能在很多的处理过程中都可以启动，主要有通过另存功能进行规则裁剪或者通过 ResizeData 进行裁剪。本实训主要介绍另存功能。

1. 打开影像

打开波段合成的遥感影像"项目三\L8b1-8_std"。

2. 进入裁剪区域选择界面

依次点击"文件"→"另存为"→"另存为…（ENVI，NITF，TIFF，DTED）"，进入"选择输入文件"界面，点击"Spatial Subset"，打开右侧裁剪区域选择功能，如图 3-2-38 所示。

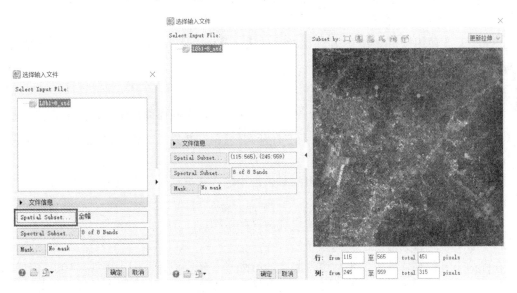

图 3-2-38　遥感数据规则裁剪（另存方式）

3. 确定裁剪区域

确定裁剪区域的方式很多，都是在裁剪界面 裁剪:　　　　　　　　　选择，如图 3-2-39 所示。

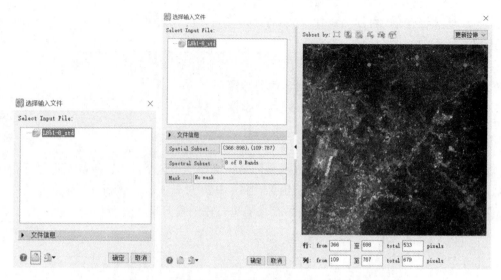

图 3-2-39　遥感数据规则裁剪区域设置（另存方式）

（1）使用整个区域。

点击 ☐（使用整个范围），选择整个文件区域，即不做任何裁剪。

（2）使用当前可视区域。

点击 ▦（使用显示范围），自动读取主窗口中显示的区域。

（3）使用外部栅格文件确定。

点击 ▦（使用栅格裁剪），在弹出的文件选择界面中点击"打开文件"，选择栅格文件，得到栅格文件的区域范围。

（4）使用外部矢量文件确定。

这里需要使用前面得到的工作区。先到 ArcGIS 把工作区提取出来。再点击 ▦（使用矢量裁剪），在弹出的文件选择界面中点击"打开文件"，选择矢量文件，得到矢量文件的范围。

（5）手动输入坐标确定。

点击 ▦（输入地理坐标），在弹出的对话框中输入裁剪框 4 个角点的坐标。

（6）手动拉框确定。

点击鼠标左键，拉动红色方框，确定裁剪区的范围。

（7）手动输入行列号。

在界面下方的输入框中，手动填入起止的行列号，确定裁剪范围（图 3-2-40）。需要注意的是，无论是以上哪种方法，对于规则裁剪区域的设置最终生效的都是起止的行列号。

4. 选择输出波段

点击左侧"Spectral Subset"还可以选择输出波段子集，这里采用默认设置，不修改，点击"确定"。

5. 选择输出路径及文件名

点击"确定"，完成规则遥感影像裁剪过程。

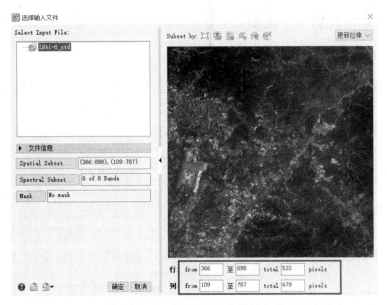

图 3-2-40 遥感数据规则裁剪区域参数设置（另存方式）

6. 检查结果

裁剪结果彩色显示后与原始影像叠加结果如图 3-2-41 所示。

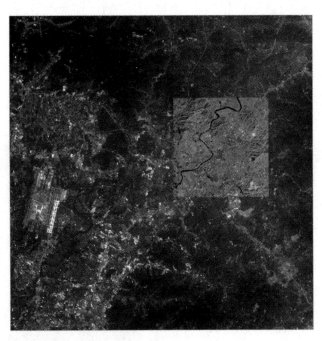

图 3-2-41 遥感数据规则裁剪结果（另存方式）

（四）成果要求

实训报告 1 份，内容包括目的要求、操作步骤（截图+文字描述）、出现的问题及解决方法、心得体会等，页面在 2 页以上。

五、遥感影像裁剪（不规则裁剪）

（一）技能目标

遥感影像裁剪的目的是将研究之外的区域去除。常用的方法是按照行政区划边界或者自然区划边界进行影像裁剪，在基础数据生产中，还经常要进行标准分幅裁剪。

本实训的目的是学习利用 ENVI 中的绘制感兴趣功能和外部矢量文件进行遥感影像的不规则裁剪，学会将精力聚焦于更有效的部分。

（二）训练内容

不规则遥感影像裁剪，是指裁剪遥感影像的边界范围是一个任意多边形。任意多边形可以是事先生成的一个完整的闭合区域，也可以是一个手工绘制的多边形，也可以是 ENVI 支持的矢量文件。针对不同的情况采用不同的裁剪过程。下面将通过学习，完成如下内容：

（1）绘制多边形，裁剪不少于整幅影像范围的 1/3 区域。

（2）选择矢量文件，裁剪矢量范围内的影像。

（三）操作步骤

1. 手动绘制裁剪区裁剪

（1）打开遥感影像文件。

依次点击"文件"→"打开"，打开波段合成的遥感影像"项目三\L8b1-8_std"。

（2）打开感兴趣区域工具（ROI）面板（图 3-2-42）。

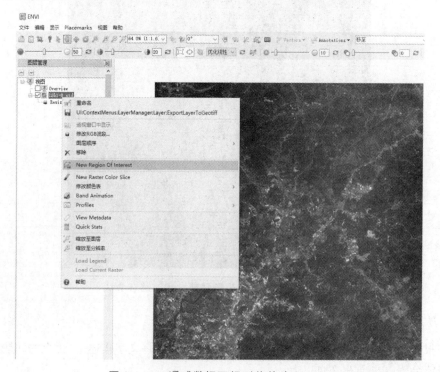

图 3-2-42　遥感数据不规则裁剪建立 ROI

在图层管理视图中选中遥感影像文件"L8b1-8_std"，点击鼠标右键，选择"New Region Of Internet"（新建感兴趣区域），打开"感兴趣区域工具"面板。

（3）绘制多边形（图 3-2-43）。

在"感兴趣区域工具"面板中点击 🖉 按钮，在遥感影像上绘制多边形作为裁剪区域。可以修改感兴趣区名称、感兴趣区颜色等，也可以根据需求绘制若干个多边形。当绘制了多个感兴趣区域时，可利用 ▐◀ ◀ 2 ▶ ▶▌ ✕ 进行删减。

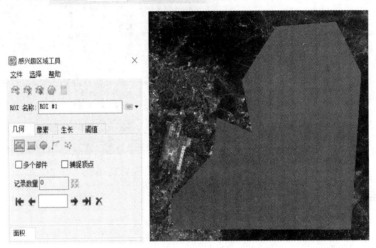

图 3-2-43　遥感数据不规则裁剪绘制不规则多边形 ROI

（4）保存多边形。

在"感兴趣区域工具"面板中，选择"文件"→"另存为"，保存绘制的多边形 ROI，选择保存的路径和文件名。

（5）打开 ROI 裁剪界面（图 3-2-44）。

在工具箱中，打开"感兴趣区"→"利用 ROI 裁剪影像"。

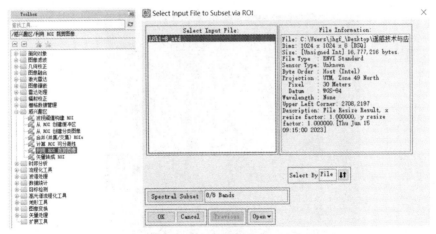

图 3-2-44　遥感数据 ROI 裁剪工具与设置

（6）打开参数设置面板。

在"Select Input File"对话框中，选择"L8b1-8_std"，点击"OK"打开"使用 ROI 空间裁剪参数"面板。

（7）设置裁剪参数。

在"使用 ROI 空间裁剪参数"面板中，设置参数如图 3-2-45 所示。

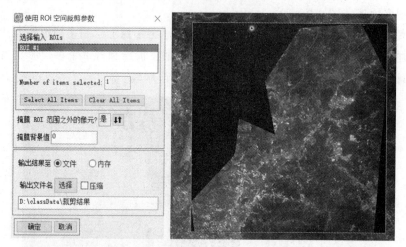

图 3-2-45　遥感数据 ROI 裁剪结果

（8）执行裁剪。

点击确定，执行遥感影像裁剪。

2. 外部矢量数据裁剪遥感影像

（1）打开遥感影像。

依次点击"文件"→"打开"，打开波段合成的遥感影像"项目三\L8b1-8_std"。

（2）打开矢量数据。

依次点击"文件"→"打开"，打开矢量文件"项目三\矢量\roiSample.shp"。外部矢量导入结果如图 3-2-46 所示。

图 3-2-46　外部矢量导入结果

（3）打开裁剪面板。

在工具箱中，打开"感兴趣区"→"利用 ROI 裁剪影像"。选择输入文件，点击"OK"，打开"使用 ROI 空间裁剪参数"面板。

（4）设置参数。

在"使用 ROI 空间裁剪参数"面板中，设置参数如图 3-2-47 所示。

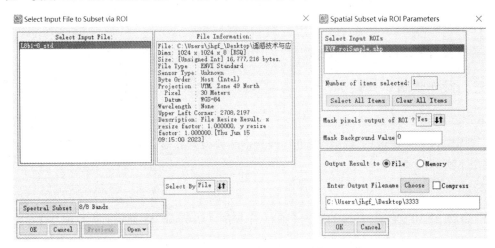

图 3-2-47　ROI 不规则裁剪参数设置

（5）裁剪。

点击"OK"，执行遥感影像裁剪，其不规则裁剪结果如图 3-2-48 所示。

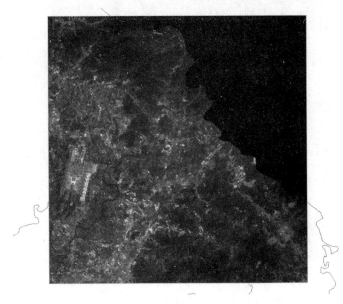

图 3-2-48　ROI 不规则裁剪结果

（四）成果要求

实训报告 1 份，内容包括目的要求、操作步骤（截图+文字描述）、出现的问题及解决方法、心得体会等，页面在 2 页以上。

六、遥感影像镶嵌（无缝镶嵌）

（一）技能目标

掌握遥感数据无缝镶嵌的方法。

（二）训练内容

将遥感数据进行基于像素的镶嵌。

（三）操作步骤

1. 检查原始数据

在视图中打开待镶嵌的遥感影像进行检查，主要检查其是否存在重叠区域。如果不存在，则不满足本实训的要求。

2. 裁　剪

（1）启动 ENVI 打开待拼接的数据"项目三\技能 3-2-6\sub_1""项目三\技能 3-2-6\sub_2"，如图 3-2-49 所示。

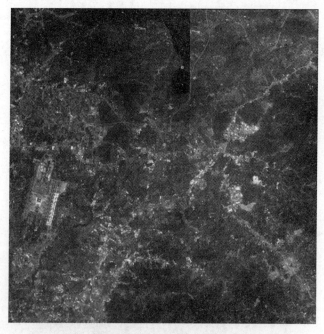

图 3-2-49　无缝镶嵌数据

（2）在工具箱中选择"影像镶嵌"→"无缝镶嵌工具"，弹出无缝镶嵌对话框，点击 ✚ 选项，弹出数据选择对话框，点击下端的全选按钮，选择要拼接的 2 个文件，点击"确定"，如图 3-2-50 所示。

图 3-2-50　无缝镶嵌工具

（3）在主选项卡中完成基础参数设置，如图 3-2-51 所示。

图 3-2-51　无缝镶嵌主选项卡设置

（4）点击色彩校正选项卡，选中直方图匹配，选择重叠区（图 3-2-52）。

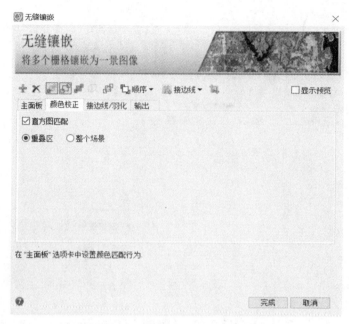

图 3-2-52　无缝镶嵌颜色校正设置

（5）点击"接边线/羽化"，在"接边线"菜单勾选应用接边线，ENVI 将自动在影像上生成接边线，生成完成后。在羽化设置中，可以选择使用接边羽化（Seamlines Feathering），如图 3-2-53 所示。

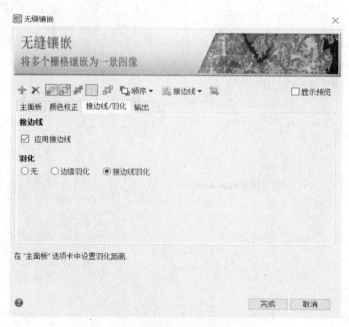

图 3-2-53　无缝镶嵌接边线/羽化设置

（6）点击"输出"，设置输出文件的格式，可以选"ENVI"，也可以选"TIFF"格式，完成选择和输入输出文件的名称和路径、忽略值、重采样方法和输出波段后点击"完成"，如图 3-2-54 所示。

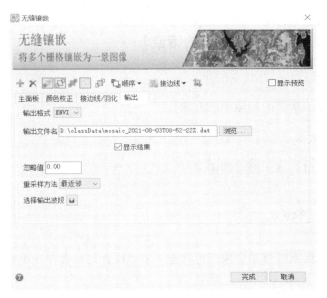

图 3-2-54　无缝镶嵌输出设置

（7）查看镶嵌结果，如图 3-2-55 所示。

图 3-2-55　无缝镶嵌结果

（四）成果要求

（1）镶嵌的遥感数据 1 份，".dat" 格式。

（2）实训报告 1 份，内容包括目的要求、操作步骤（截图+文字描述）、出现的问题及解决方法、心得体会等，页面在 2 页以上。

注意：以上 2 项压缩后，保存到命名格式为"学号+姓名"的文件夹，并提交到教学平台。

七、遥感影像镶嵌（基于像素的镶嵌）

（一）技能目标

掌握遥感数据基于像素的影像镶嵌方法。

（二）训练内容

将课本附带数据进行基于像素的镶嵌。

（三）操作步骤

1. 检查原始数据

在视图中打开待镶嵌的遥感影像进行检查，主要检查其是否存在重叠区域。如果不存在，则不满足本实训的要求。

2. 裁　剪

（1）启动 ENVI，打开待拼接的数据"项目三\技能 3-2-6\sub_1、sub_2"。

（2）在工具箱中选择"影像镶嵌/基于像素镶嵌"，弹出"Pixel Based Mosaic"对话框，如图 3-2-56 所示。点击菜单"Import"中"Import Files"选项，弹出"Mosaic Input Files"对话框，选择要拼接的 2 个文件，点击"OK"。

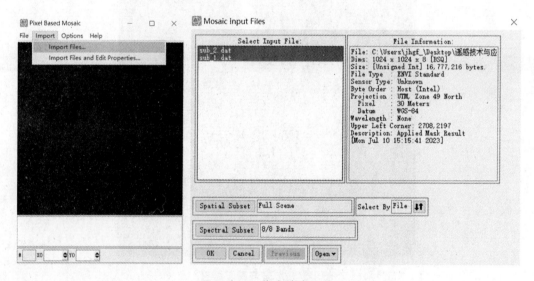

图 3-2-56　像素镶嵌工具

（3）在弹出的"Select Mosaic"对话框中，使用默认行列数，点击"OK"，如图 3-2-57 所示。

图 3-2-57 像素镶嵌工具

（4）在弹出的对话框下端，点击"#2 sub_1.dat[Green]"，按右键选择"Edit Entry"。

（5）在弹出的对话框中设置如图 3-2-58 所示，点击"OK"。

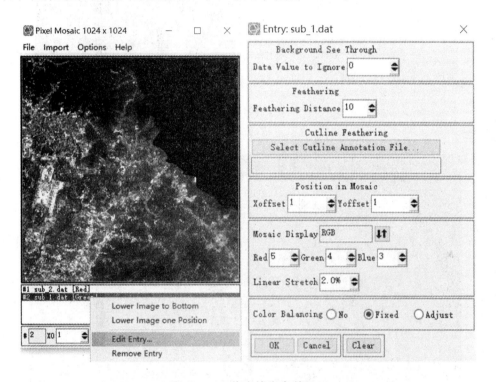

图 3-2-58 像素镶嵌参数设置

（6）点击"#1 sub_2.dat[Red]"，按右键选择"Edit Entry"，并按照图 3-2-59 的参数进行设置。注意这里"Color Balancing"选择"Adjust"，点击"OK"。然后，在拼接对话框中点击"File"菜单，点击"Apply"，在弹出的对话框中输入忽略值及输出文件的路径及文件名，点击"OK"。

（7）查看镶嵌结果。像素镶嵌结果如图 3-2-60 所示。

（四）成果要求

（1）镶嵌的遥感数据 1 份，".dat"格式。

（2）实训报告 1 份，内容包括目的要求、操作步骤（截图+文字描述）、出现的问题及解决方法、心得体会等，页面在 2 页以上。

注意：以上 2 项压缩后，保存到命名格式为"学号+姓名"的文件夹，并提交到教学平台。

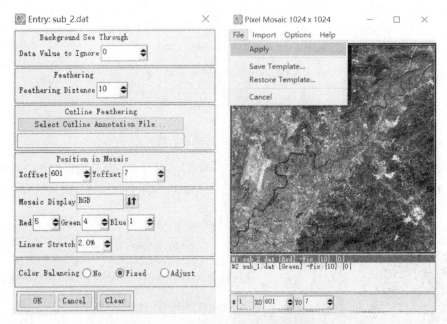

图 3-2-59 像素镶嵌参数设置与应用

图 3-2-60 像素镶嵌结果

项目小结

本项目涵盖了遥感数字影像理论知识以及相关实践操作。通过课程学习和技能实践，对遥感数字影像的畸变与校正理论有了深入了解，并掌握了基于 ENVI 软件的辐射校正、几何校正、规则裁剪、不规则裁剪、无缝镶嵌和像素镶嵌的实际技能，锻炼了思考探索精神与细致操作的能力。

在理论知识讲解环节，学习了遥感数字影像的基本原理和概念，包括遥感传感器、遥感数字影像的获取与成像原理，以及影像畸变与校正的基本概念。这些知识为深入理解数字影像处理的原理和方法奠定了基础。

在实践操作环节，运用 ENVI 软件进行了一系列的实践，包括辐射校正、几何校正、规则裁剪、不规则裁剪、无缝镶嵌和像素镶嵌等。这些实践不仅巩固了对理论知识的理解，也提供了实际操作的机会，锻炼同学们熟练运用 ENVI 软件进行遥感数字影像处理的能力。

辐射校正实训可使同学们了解如何将影像的辐射值转换为反射率，从而有效纠正光照条件对影像数据的影响。几何校正实训可使同学们学会如何校正影像的几何畸变，提高影像的空间准确性和一致性。规则裁剪和不规则裁剪实训让同学们熟悉了在遥感数字影像中裁剪感兴趣区域的方法与技巧。无缝镶嵌和像素镶嵌实训则让同学们学会了将多幅影像进行拼接，从而生成无缝的单幅影像。

通过这些实践操作，同学们可以深刻认识到遥感数字影像处理在实际应用中的重要性。遥感数字影像在农业、地质、环境等领域有着广泛的应用，能够为研究、决策和监测提供有力支持。准确的畸变校正和高质量的影像拼接是保证遥感数字影像质量的关键步骤，而 ENVI 软件提供的强大工具和功能，能够帮助同学们快速、高效地完成这些任务。

总的来说，本项目不仅拓展了同学们对遥感数字影像理论的了解，还培养了同学们运用 ENVI 软件进行实践操作的能力。这些知识与技能将对我们今后的研究和工作产生积极的影响。今后将继续学习和探索遥感数字影像处理领域的知识，以提升自己的能力，为相关领域的研究和应用做出更多贡献。

思考题

（1）为什么校正对于遥感数字影像处理是必要的？

（2）在进行几何校正时，为什么需要对影像进行连接点匹配？连接点的选择和数量对校正结果有何影响？

（3）当裁剪遥感数字影像时，什么情况下适合使用规则裁剪？什么情况下适合使用不规则裁剪？试请举例说明。

（4）在像素镶嵌或几何校正的重采样过程中，有哪些像素插值方法，各有什么特点。

（5）了解遥感数字影像处理方法后，你认为遥感数字影像在哪些领域有潜在的应用价值？请列举两个具体的例子，并解释原因。

遥感影像增强处理

知识目标

◆ 了解遥感影像增强的类别及其基本概念
◆ 了解遥感影像波段运算的基本条件
◆ 掌握常见的植被指标及其计算方法
◆ 掌握遥感影像融合的基本概念

技能目标

◆ 学会遥感影像波段组合基本操作
◆ 能通过波段运算进行相关植被指标的计算和分析
◆ 能对遥感影像进行融合操作

素质目标

◆ 了解植被指数的应用以及我国目前植被动态特征
◆ 了解我国生态环境基本情况和未来保护方向及措施

任务导航

◆ 任务一　遥感影像增强
◆ 任务二　遥感影像变换
◆ 任务三　遥感影像融合

任务一 遥感影像增强

【知识点】

一、遥感影像彩色增强

彩色增强一般是指用多波段的黑白遥感影像，通过各种方法和手段进行彩色合成或彩色显示，以突出不同地物之间的差别，提高解译效果的技术。根据合成影像的彩色与实际景物自然彩色的关系，彩色合成分为真彩色合成和假彩色合成。真彩色合成是指合成后的彩色影像上的地物色彩与实际地物色彩接近或一致，假彩色合成是指合成后的彩色影像上的地物色彩与实际地物色彩不一致。通过彩色合成增强，可以从影像背景中突出目标地物，便于遥感影像判读。

二、遥感影像对比度增强

对比度是指不同物质在相同情况下的反射能量不一致，传感器记录的两种地物的亮度值也不一致。对比度增强则是将影像从低对比度增强到高对比度的过程。常用的增强方法包括如下三种类型：

（1）灰度阈值分割。灰度阈值分割是指将影像中的所有亮度值根据阈值分成高于阈值和低于阈值的类别，并分别使用由黑到白的不同亮度赋值，俗称黑白图。

（2）线性拉伸。线性拉伸是将影像像元的 MIN（最小）值和 MAX（最大）值扩展到 0～255。

（3）直方图均衡化。直方图均衡化是一种非线性拉伸方法。这种算法根据原影像的亮度值频率，使得拉伸后的影像亮度也有相同的频率。

三、遥感影像滤波增强

影像的频域滤波增强是利用影像变换方法将原来影像空间中的影像以某种形式转换到其他空间中，然后利用该空间的特有性质再进行影像处理，最后转换回原来的影像空间中，从而得到处理后的影像。常用的滤波增强主要包括如下三种类型：

（1）卷积滤波。卷积（Convolution）滤波根据增强类型（低频、中频和高频）的不同，可分为低通滤波、带通滤波和高通滤波。此外，还有增强影像某些方向特征的方向滤波等。它们的核心部分是卷积核。

（2）数学形态学滤波。数学形态学滤波包括膨胀（Dilate）、腐蚀（Erode）、开运算（Opening）（是先腐蚀后膨胀的结果）和闭运算（Closing）（是先膨胀后腐蚀的结果）。数学形态学滤波的操作过程和卷积滤波基本一样，区别在于数学形态学滤波需设置滤波的重复次数和滤波格式。

（3）自适应滤波。自适应滤波运用围绕每个像元的方框中的像元的标准差来计算一个新的像元值。不同于典型的低通平滑滤波，自适应滤波器在抑制噪声的同时，保留了影像的锐化信息和细节。

【技能点】

遥感影像波段组合

（一）技能目标

掌握遥感影像波段组合的方法。

（二）训练内容

（1）打开单个波段".tif"文件。
（2）将7个多光谱波段组合起来。
（3）调整RGB显示顺序，挑选与自然地物色彩接近的波段组合，记录下来。
（4）根据记录下的波段组合，重新组合所选择的波段，保存起来（注意保存格式）。

（三）操作步骤

1. 打开原始数据

打开单个波段文件".tif"文件。

点击"文件（File）"下的"打开（Open）"按钮，在弹出的对话框，选择Landsat系列数据的所有波段。数据所在文件夹为"D:\XM4"，如图4-1-1所示。

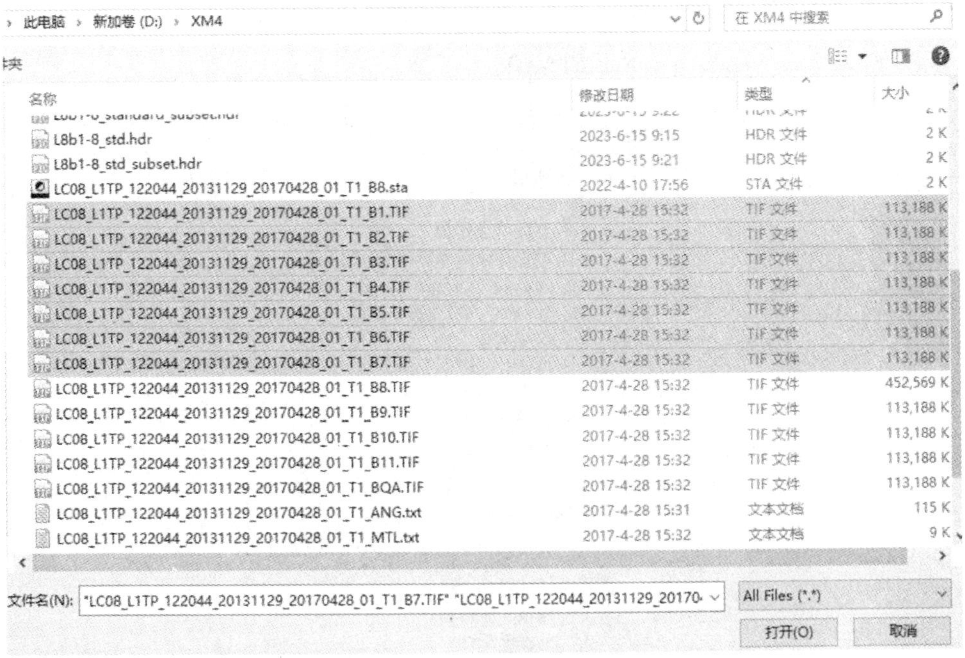

图4-1-1　Landsat 1~7波段

打开结果如图4-1-2所示。

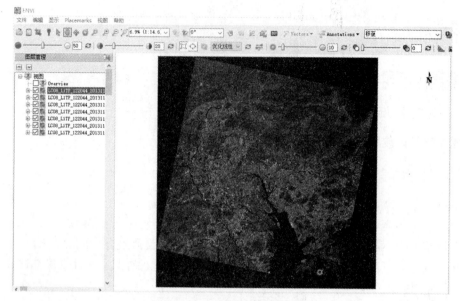

图 4-1-2　打开遥感影像数据

2. 波段组合

将 7 个多光谱波段组合起来。

1）打开波段组合工具

（1）双击右侧工具栏的栅格管理器下的波段组合（Layer Stacking）工具，如图 4-1-3 所示。

图 4-1-3　波段组合工具

（2）在弹出的对话框中，如图 4-1-4 所示，左上角是文件导入区，左下角是文件保存区，右侧是波段投影参数等相关信息及重采样方法。

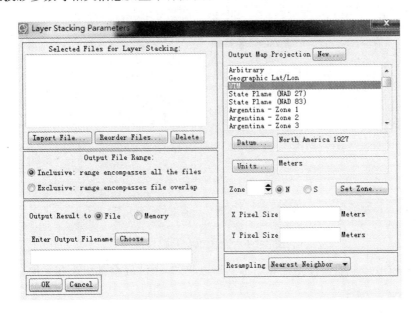

图 4-1-4　波段组合对话框

（3）点击"Import File"按钮，将所有波段选中，导入进来，如图 4-1-5 所示（如果是 Landsat 8，则要注意选择与 Landsat 4～5、Landsat 7 对应的波段）。

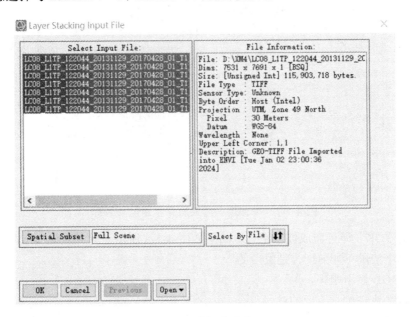

图 4-1-5　导入待组合波段 B1～B7

（4）如图 4-1-6 所示，左上角显示导入的波段列表，右边显示最后一个波段的坐标系、基本面、单位、投影带号、分辨率及重采样方法（默认为最邻近点法）。

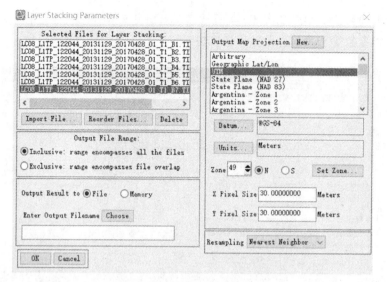

图 4-1-6　波段组合参数设置

（5）设置输出结果的保存路径和名称。可以将 7 个波段全部组合起来保存，如图 4-1-7
所示。

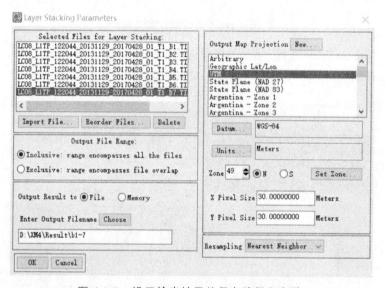

图 4-1-7　设置输出结果的保存路径和名称

（6）点击"OK"即可完成波段组合，结果如图 4-1-8 所示。此时默认显示的是一个波段，
即最上面的那个波段（如 B1），是黑白的。

2）调整 RGB 显示顺序

挑选与自然地物色彩接近的波段组合，记录下来。

（1）打开数据管理器，如图 4-1-9 所示。

（2）找到刚组合好的"b1-7"文件。依次用左键点击（如 B3、B2、B1）三个波段，分别
赋予红、绿、蓝三个通道，如图 4-1-10 所示。

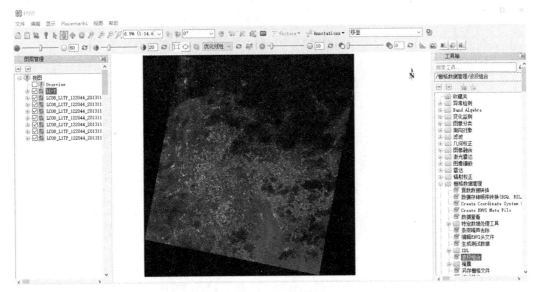

图 4-1-8　波段组合结果

图 4-1-9　数据管理器

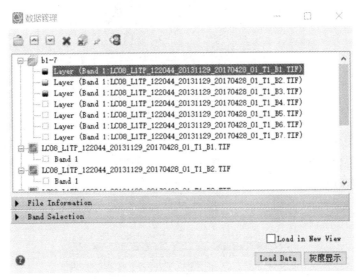

图 4-1-10　选择 B3、B2、B1 波段

（3）点击"Load Data"装载数据，即可加载到视图，显示为彩色，如图 4-1-11 所示。

发现绿地、水体、建设用地三大类分别为绿色、蓝色、棕色或红色，这种组合与我们日常看到的地物差异比较大。

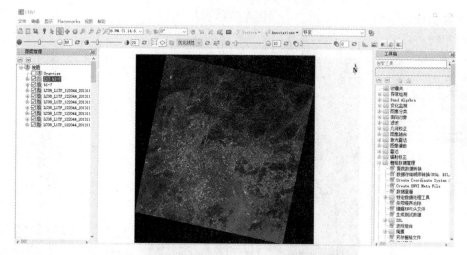

图 4-1-11　波段 B3、B2、B1 的数据彩色显示

（4）在上述彩色显示的图层上，点击右键，选择"修改 RGB 波段"功能（图 4-1-12）。

图 4-1-12　"修改 RGB 波段"功能

（5）在弹出的对话框中，依次用左键点击 B7、B5、B2 3 个波段，分别赋予红、绿、蓝 3 个通道，如图 4-1-13 所示。

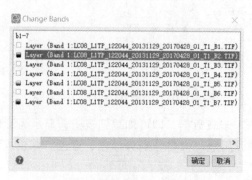

图 4-1-13　选择 B7、B5、B2 波段

（6）点击确定，结果如图 4-1-14 所示。发现绿地、水体、建设用地三大类地物跟我们日常看到的很接近，可以记录下来。

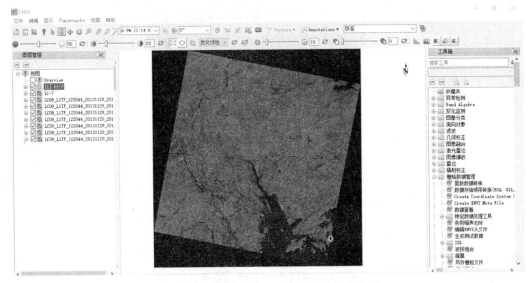

图 4-1-14　波段 B7、B5、B2 的数据彩色显示

（7）生成波段组合文件。根据记录下的波段组合，重新组合所选择的波段，保存起来（注意保存格式）。这里以上面记录的 B7、B5、B2 为例，进行示范，其他波段组合类似。

① 打开栅格管理器下的"Layer Stacking"波段组合工具。在弹出的对话框，选择 B2、B5、B7 三个波段（按住 Ctrl 键，鼠标左键依次点击 B2、B5、B7 三个波段），如图 4-1-15 所示。

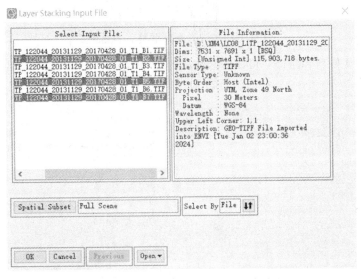

图 4-1-15　选择 B2、B5、B7 三个波段

发现列表里的波段顺序为 B2、B5、B7，跟我们记的顺序相反。需要调整。

② 点击"Recorder Files"调文件顺序按钮，在弹出的界面中，点击左键将要调整的波段，拉到对应的位置。确认无误后点击"OK"，如图 4-1-16 所示。

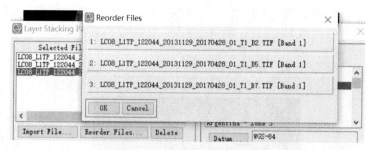

图 4-1-16　调整文件顺序界面

调整顺序后的结果如图 4-1-17 所示。

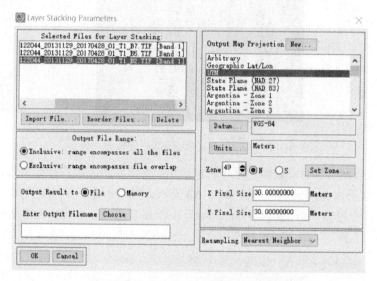

图 4-1-17　波段顺序调整后的结果

③ 设置保存文件名和路径。可以按照波段的顺序命名，如 "b752"，如图 4-1-18 所示。

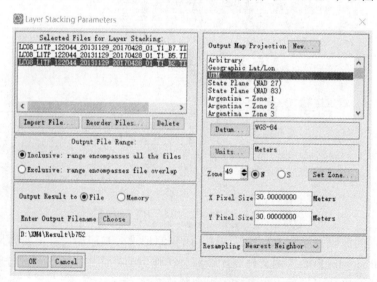

图 4-1-18　设置波段的保存路径和名称

点击"OK"，即可完成组合，结果如图 4-1-19 所示。也可以拉伸调整亮度显示。

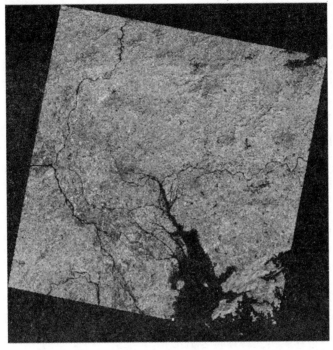

图 4-1-19　波段 B7、B5、B2 的波段组合结果

（四）成果要求

实训报告 1 份，包含实训主要过程及结果的截图与简要文字描述、存在问题及解决办法等。命名格式为"学号+姓名+遥感影像波段组合"，并提交到教学平台。

任务二　遥感影像变换

【知识点】

一、遥感多光谱变换

多光谱变换是指由于多光谱影像存在一定程度的相关性和数据冗余，对多时相、多光谱影像的线性变换（如主成分分析、缨帽变换等），使光谱空间坐标按一定规律进行旋转，产生一组新的组分影像，将原多波段中的有用信息集中到尽可能少的新组分中，以突出和提取变化信息。

二、遥感影像波段运算

根据遥感软件（本书以 ENVI 为例）中的波段运算工具，根据实际所算指标的运算法则对波段进行相应的计算得到所需指标的过程，就是波段运算。

【技能点】

一、遥感影像植被指数计算及植被提取

（一）技能目标

掌握遥感影像波段运算的规则和植被指数计算的方法。

（二）训练内容

（1）利用波段运算工具，计算几类经典植被指数：比值植被指数（RVI）、归一化植被指数（NDVI）、差值环境植被指数（DVI）。

（2）统计各类植被指数的值域范围，然后利用密度分割工具，提取绿地信息。

（3）统计绿地的面积。

（三）基本说明

1. 波段运算的条件

使用波段运算需要满足 4 个基本条件：

（1）书写的波段运算表达式必须符合 IDL 语言。

所定义的处理算法或波段运算表达式必须满足 IDL 语法。虽然书写简单的波段运算表达式无须具备 IDL 的基本知识，但是如果所感兴趣的处理需要书写复杂的表达式，建议学习用于波段运算的 IDL 知识。

（2）所有输入波段必须具有相同的空间大小。

波段运算表达式是根据像元到像元的原理作用于波段的，因此输入波段的行列数和像元大小必须相同。对于有地理坐标的数据，如果覆盖区域一样，但是由于像元大小不一样使得行列数不一致，在进行波段运算前，可以使用"Basic Tools"中"Layer Stacking"功能对影像进行调整。

（3）表达式中的所有变量都必须用 Bn（或 bn）命名。

表达式中代表输入波段的变量必须以字母"b"或"B"开头，后跟 5 位以内的数字，例如，对 3 个波段进行求和运算的有效表达式可以用以下 3 种方式书写：

① b1+b2+b3。

② B1+B11+B111。

③ B1+b2+B3。

（4）结果波段必须与输入波段的空间大小相同。

波段运算表达式所生成的结果必须在行列数方面与输入波段相同。

2. 波段运算（Band Math）的常用函数

Band Math 工具能够方便地执行影像中各个波段的加、减、乘、除、三角函数、指数、对数等数学函数计算，也可以使用 IDL 编写的函数。Band Math 工具使用的函数都是基于 IDL 的数据组运算符。

IDL 的数组运算符使用方便且功能强大。它们可以对影像中的每一个像元进行单独检验和处理，而且避免了 FOR 循环的使用（FOR 循环不允许在波段运算中使用）。数组运算符包含关系运算符（LT、LE、EQ、NE、GE、GT）、Boolean 运算符（AND、OR、NOT、XOR）和最小值、最大值运算符（<、>）。这些特殊的运算符对影像中的每个像元同时进行处理，并将结果返还到与输入影像具有相同维数的影像中。例如，要找出所有负值像元并用值-999 代替它们，可以使用波段运算表达式：(b1lt0)*(-999)+(b1ge0)*b1。

关系运算符对真值（关系成立）返回值为1，对假值（关系不成立）返回值为0。系统读取表达式"(b1lt0)"部分后将返还一个与 b1 维数相同的数组。其中 b1 值为负的区域返回值为1；其他部分返回值为0，因此在乘替换值-999 时，相当于只对那些满足条件的像元有影响。第二个关系运算符 "(b1ge0)" 是对第一个的补充——找出那些值为正或 0 的像元，乘它们的初始值，然后再加入替换值后的数组中。这个用法可以扩展到两个影像中，比如影像 1 中将值大于220（有云部分）的部分用影像 2 中对应的像素值代替，其余保留影像 1 中的值，表达式就可以写成：(b1gt220)*b2+(b1le220)*b1。

类似使用数组运算符的表达式为波段运算提供了很强的灵活性。表 4-2-1 中描述了 Band Math 工具中常用的 IDL 数组操作函数，详细介绍可参阅 *IDL Reference Guide*。

表 4-2-1　IDL 数组操作函数

种类	操作函数
基本运算	加（+）、减（-）、乘（*）、除（/）
三角函数	正弦 sin(x)、余弦 cos(x)、正切 tan(x)
	反正弦 asin(x)、反余弦 acos(x)、反正切 atan(x)
	双曲正弦 sinh(x)、双曲余弦 cosh(x)、双曲正切 tanh(x)
关系和逻辑运算符	小于（LT）、小于等于（LE）、等于（EQ）、不等于（NE）、大于等于（GE）、大于（GT）、与（AND）、或（OR）、否（NOT）

3. 常见植被指数

植被指数，指植物叶面在可见光红光波段有很强的吸收特性，在近红外波段有很强的反射特性，这是植被遥感监测的物理基础，通过这两个波段测值的不同组合可得到不同的植被指数。

（1）比值植被指数（RVI）。

比值植被指数又称为绿度，为二通道反射率之比，能较好地反映植被覆盖度和生长状况的差异，特别适用于植被生长旺盛、具有高覆盖度的植被监测，可利用公式 $RVI=NIR/R$（NIR 和 R 分别代表近红外波段和红光波段的反射率）或两个波段反射率的比值来计算。

绿色健康植被覆盖地区的 RVI 远大于 1，而无植被覆盖的地面（裸土、人工建筑、水体、植被枯死或严重虫害地区）的 RVI 在 1 附近，植被的 RVI 通常大于 2。植被覆盖度的大小对 RVI 有影响，当植被覆盖度较高时，RVI 对植被十分敏感，当植被覆盖度<50%时，这种敏感性显著降低。

RVI 受大气条件的影响，大气效应将大大降低对植被检测的灵敏度，所以在计算前需要进行大气校正，或用反射率计算 RVI。

（2）归一化植被指数（NDVI）。

归一化植被指数为两个通道反射率之差除以它们的和，可利用公式 $NDVI=(NIR-R)/(NIR+R)$ 或两个波段的反射率来计算。取值范围为 $-1 \leqslant NDVI \leqslant 1$。其中，负值表示地面覆盖为云、水、雪等，对可见光反射高；0 表示有岩石或裸土等，NIR 和 R 近似相等；正值表示有植被覆盖，且随覆盖度的增大而增大。

在植被处于中、低覆盖度时，归一化植被指数随覆盖度的增加而迅速增大，当达到一定覆盖度后增长缓慢，所以该指数适用于植被早、中期生长阶段的动态监测。NDVI 适用于植被生长状态的检测、植被覆盖度和消除部分辐射误差等。

NDVI 的局限性表现在，用非线性拉伸的方式增强了 NIR 和 R 的反射率的对比度。对于同一幅图像，分别求 RVI 和 NDVI 时会发现，RVI 增加的速度高于 NDVI 增加的速度，即 NDVI 对高植被区具有较低的灵敏度；

（3）差值环境植被指数（DVI）。

差值植被指数又称农业植被指数，为二通道反射率之差，可利用公式 $DVI=NIR-R$ 或两个波段反射率来计算。它对土壤背景的变化敏感，能较好地识别植被和水体。该指数随生物量的增加而迅速增大。

（四）操作步骤

1. 计算 NDVI

（1）打开波段合成数据 "L8b1-8_standard_subset"，数据所在文件夹为 "D:\XM4"，打开"波段运算"工具，如图 4-2-1 所示。

（2）输入公式。

将公式 "(float(b5)-float(b4))/(float(b5)+float(b4))" 输入计算界面，如图 4-2-2 所示。

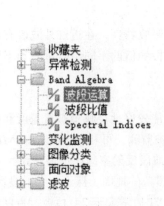

图 4-2-1　打开波段运算工具

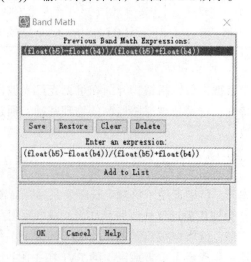

图 4-2-2　输入波段运算公式

（3）设置参数。

选择 b5、b4 对应的波段（分别为 B5 和 B4 波段）和保存路径，如图 4-2-3 所示。

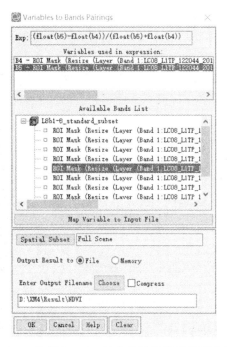

图 4-2-3   选择 b5、b4 对应的波段并设置保存路径

（4）检查结果。

检查结果如图 4-2-4 所示。

图 4-2-4   NDVI 计算结果

快速统计结果如图 4-2-5 所示。

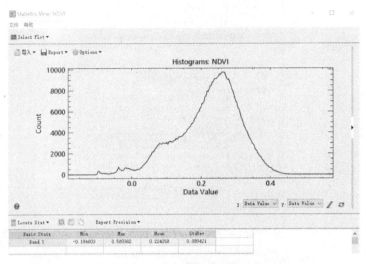

图 4-2-5　NDVI 快速统计结果

2. 统计绿地范围内的 NDVI

（1）将多光谱影像"L8b1-8_standard_subset"用 B7、B5、B2 组合，彩色显示，如图 4-2-6 所示。

图 4-2-6　将多波段数据用 B7、B5、B2 组合，彩色显示

（2）打开新建感兴趣工具。在彩色合成图层上点击右键，点击"New Region Of Interest"（新建感兴趣区工具），如图 4-2-7 所示。

图 4-2-7　打开新建感兴趣工具

（3）选择统计样本。

将新建感兴趣区命名为"green"（绿地），在其上选择 10 个以上的记录点，如图 4-2-8 所示。

图 4-2-8　创建绿地感兴趣区

（4）将感兴趣区——绿地区拉动到"NDVI"下，如图 4-2-9 所示。

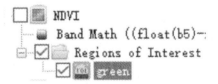

图 4-2-9　将感兴趣拉动到 NDVI 下

（5）统计绿地的 NDVI 范围。如图 4-2-10 所示，点击"统计"，打开统计工具。

图 4-2-10　打开统计工具

（6）统计结果如图 4-2-11 所示。

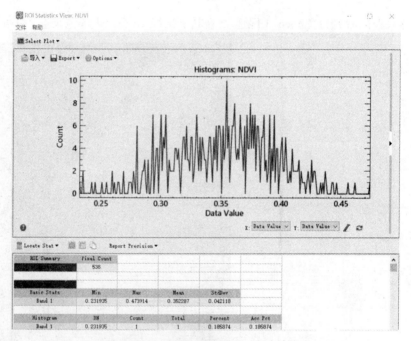

图 4-2-11　绿地区的 NDVI 统计结果

由结果可知，绿地区 NDVI 最小值为 0.2319，最大值为 0.4739。因此可将研究区的 NDVI 分为三个等级，NDVI 小于 0.2319 和大于 0.4739 的为其他区域，NDVI 介于 0.2319～0.4739 的为绿地区。

3. 密度分割

（1）打开密度分割工具。

在"NDVI"上点击右键，选择"New Raster Color Slice"工具，如图 4-2-12 所示。

图 4-2-12　打开密度分割工具

（2）选择分割文件（图 4-2-13）。

图 4-2-13　选择分割文件

（3）显示密度分割界面（图 4-2-14）。

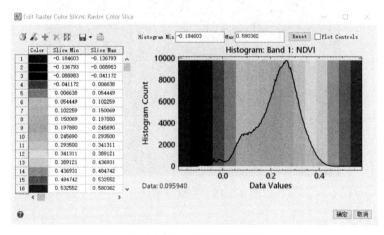

图 4-2-14　密度分割界面

（4）删除所有的分级并增加新的分级（图 4-2-15）。

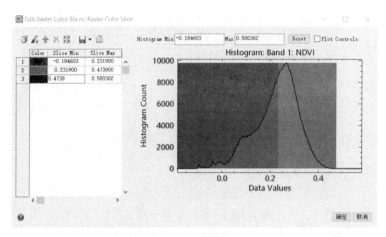

图 4-2-15　增加新的分级

增加 3 个分级，根据上述分析可知，其中 NDVI 小于 0.231 9 和大于 0.473 9 的为其他区域，NDVI 介于 0.231 9 ~ 0.473 9 的为绿地区。密度分割的初步结果显示在主界面上，如图 4-2-16 所示。

图 4-2-16　密度分割结果

（5）比较和调整。

通过初步结果与原始影像对比，检查分割的质量。如果绿地区过多，则调小范围，否则就增大范围。

4. 输出绿地影像

（1）打开分类影像工具（图 4-2-17）。

图 4-2-17　打开分类影像工具

（2）设置输出路径（图 4-2-18）。

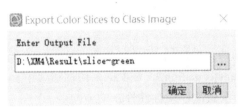

图 4-2-18　设置输出路径

（3）统计绿地面积。

如图 4-2-19 所示，点击"统计所有分类"，得到如图 4-2-20 所示的统计结果。

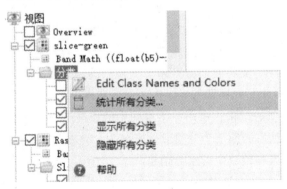

图 4-2-19　打开统计所有分类工具

Class Summary	Pixel Count	Percent
Background	244526	28.909797
-0.184803 to 0.2319	282128	33.355403
0.2319 to 0.4739	319170	37.734801
	0	0.000000

图 4-2-20　绿地像元数量及占比统计

结果是像元数量，按照 1 个像素代表 $30 \times 30 = 900\ \text{m}^2$，导入 Excel 中可统计出面积为多少平方千米以及占工作区总面积的比例。

（五）成果要求

（1）基于几何校正后的多光谱影像，参照上述流程，利用波段运算功能计算 3 种植被指数，并提取绿地的面积和比例。

（2）以文字描述加截图的方式，撰写实训报告，提交到教学平台。

二、遥感影像缨帽变换

（一）技能目标

掌握遥感影像缨帽变换的方法和流程。

（二）训练内容

利用缨帽变换功能，计算遥感影像的亮度、绿度和湿度。

（三）基本说明

缨帽变换，又称 K-T 变换，即坎斯-托马斯变换（Kanth-Thomas Transformation），也称缨子帽变换（Tasselled Cap Transformation），是根据多光谱遥感中土壤、植被等信息在多维光谱空间中的信息分布结构对影像做的经验性线性正交变换。

1976 年，坎斯（R. J. Kanth）和托马斯（G. S. Thomas）在用 MSS 数据研究农作物和植被的生长过程中发现，在 MSS 的四个波段构成的四维光谱空间中，土壤的点群分布从暗色土壤到浅色土壤构成从坐标原点向外的辐射线，称为土壤线。植被和农作物随着生长过程中植冠的发育、茂盛、衰落和枯萎，其点群分布构成从土壤线开始又回到土壤线上的缨帽状。植被成长的"绿色"方向、植被枯萎的"黄色"方向和土壤线三者互相垂直，它们的光谱特征互不相关且相对独立，从而可以通过正交线性交换将它们变换到由这三个轴和另一个"其他"轴组成的新的特征空间中，而将它们分开来。变换后的四个分量分别称为"亮度""绿色物""黄色物"和其他。1984 年，克里斯特（E. P. Crist）和锡康（R. C. Cicone）发现，TM 的 6 个反射波段的数据也有类似的结构，可用三维空间中的植被平面、与之垂直的土壤平面和它们之间的过渡带表示，变换后的前三个分量分别定名为"亮度""绿度""湿度"，它们分别反映了土壤岩石、植被及土壤和植被中的水分信息。

（四）操作步骤

缨帽变换不是由严格的理论体系推导而产生的，而是基于对 Landsat 的大量 MSS 影像统计研究提出的。缨帽变换是一种特殊的主成分分析，和主成分分析不同的是其转换系数是固定的，因此它独立于单个影像。后来通过研究得出 TM 和 ETM+数据的缨帽变换。

Landsat 8 OLI 传感器目前还没有相应的缨帽变换模型，参照表 4-2-2 中 OLI 和 ETM+波段对照，发现 OLI 的 Band 2～7 和 ETM+的 6 个多光谱波段范围相近。本文假设是可以使用 ETM+的模型应用于 OLI 的情况下结束操作流程。

表 4-2-2　OLI 陆地成像仪和 ETM+对照表

OLI 陆地成像仪			ETM+		
序号	波段/μm	空间分辨率/m	序号	波段/μm	空间分辨率/m
1	0.433～0.453	30	1	0.450～0.515	30
2	0.450～0.515	30	2	0.525～0.605	30
3	0.525～0.600	30	3	0.630～0.690	30
4	0.630～0.680	30	4	0.775～0.900	30
5	0.845～0.885	30	5	1.550～1.750	30
6	1.560～1.660	30	7	2.090～2.350	30
7	2.100～2.300	30			

（1）打开一个 Landsat 8 数据（图 4-2-21）。

只需要用到 B2～B7 这 6 个波段（B1 如果组合进来了，也不影响）。

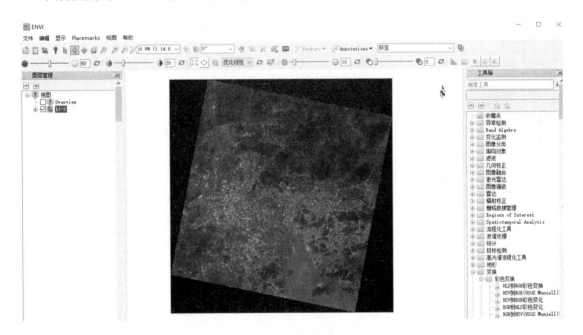

图 4-2-21　打开工作区多波段合成数据

（2）对 Landsat 8 多光谱数据进行降级。

对 Landsat 8 的每一个波段，分别除以 256 进行灰度降级。如图 4-2-22 所示，为第 2 波段的示例，其他波段类似。此处采用波段运算工具进行计算，具体参考本项目任务二的技能点一。

图 4-2-22　基于波段运算进行灰度降级

（3）重新进行波段组合。

点击波段组合工具，选择降级好的 Landsat 8 多光谱波段 B2 ~ B7，将其组合为新的数据。波段组合操作详见本项目任务一技能点一。

（4）打开缨帽变换功能（图 4-2-23）。

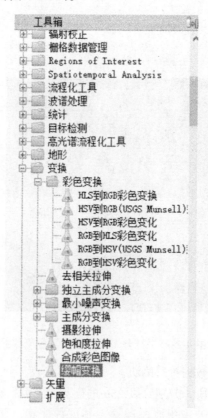

图 4-2-23　打开缨帽变换工具

（5）选择输入文件（图 4-2-24）。

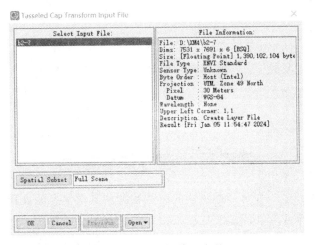

图 4-2-24　选择输入文件

（6）设置传感器参数和保存路径（图 4-2-25）。

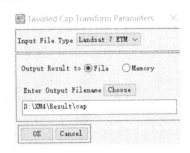

图 4-2-25　设置传感器参数和保存路径

（7）显示结果。

第一分量为"亮度"，第二分量为"绿度"，第三分量为"湿度"。缨帽变换结果如图 4-2-26 所示。

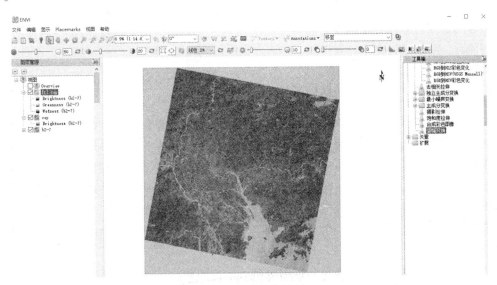

图 4-2-26　缨帽变换结果

（五）成果要求

（1）以自己组合好的多光谱数据为基础，分别进行缨帽变换。

（2）在缨帽变换的基础上，计算遥感影像的亮度、绿度和湿度。

（3）以文字描述加截图的方式，撰写实训报告，命名格式为"学号+姓名"，并提交到教学平台。

任务三　遥感影像融合

遥感影像数据融合是一个对多遥感器的影像数据和其他信息的处理过程，它着重于把那些在空间或时间上冗余或互补的多源数据，按一定的规则（或算法）进行运算处理，获得比任何单一数据更精确、更丰富的信息，并生成一幅具有新的空间、波谱、时间特征的合成影像。

【知识点】

一、多源遥感影像融合

随着遥感技术的发展，光学、热红外和微波等大量不同卫星传感器对地观测的应用，获取同一地区的多种遥感影像数据（多时相、多光谱、多传感器、多平台和多分辨率）越来越多，这便是所说的多源遥感。

与单源遥感影像数据相比，多源遥感影像数据所提供的信息具有冗余性、互补性和合作性。多源遥感影像数据的冗余性是指它们对环境或目标的表示、描述或解译结果相同；互补性是指信息来自不同的自由度且相互独立；合作性是指不同传感器在观测和处理信息时对其他信息的依赖关系。

在遥感中，数据融合属于一种属性融合，它是将同一地区的多源遥感影像数据加以智能化合成，产生比单一信源更精确、更完全、更可靠的估计和判断。它的优点是运行稳定，可提高影像的空间分解力和清晰度，提高平面测图精度、分类的精度与可靠性，增强解译和动态监测能力，减少模糊度，有效提高遥感影像数据的利用率等。

二、遥感影像与其他数据融合

为达到具体的应用目的，待处理的数据除基本的多源遥感影像外，通常还包括一些非遥感数据，如数字地图、地面物化参数分布等。考虑到数据在属性、空间和时间上的不同，遥感影像数据融合应先进行数据预处理，包括将不同来源、不同分辨率的影像在空间上进行几何校正、噪声消除、绝对配准（地理坐标配准）或相对配准以及非遥感数据的量化处理等，以形成各传感器数字影像、影像立方体、特征图（如纹理图、聚类图、主成分分析图和小波分解图等）、三维地形数据图和各种地球物理化数据分布图等辅助数据构成的空间数据集或数据库。

它不仅仅是数据间的简单复合，还可以强调信息的优化，以突出有用的专题信息，消除或抑制无关信息，改善目标识别的影像环境，从而增加解译的可靠性，减少模糊性（即多义性、不完全性、不确定性和误差），改善分类，扩大应用范围和效果。

【技能点】

遥感影像融合处理

（一）技能目标

了解遥感影像融合的方法。

（二）训练内容

（1）打开自己校正好的多光谱遥感影像和全色影像。
（2）利用不同的融合方法（GS、HSV），对影像进行融合。
（3）评价影像融合质量。

（三）操作步骤

1. 导入数据
打开高分辨率影像 B8 与多光谱影像 b1-7（图 4-3-1）。

图 4-3-1 打开高分辨率影像 B8 与多光谱影像 b1-7

2. 查看元数据信息
查看 B8 的信息，如图 4-3-2 所示，其分辨率为 15 m。

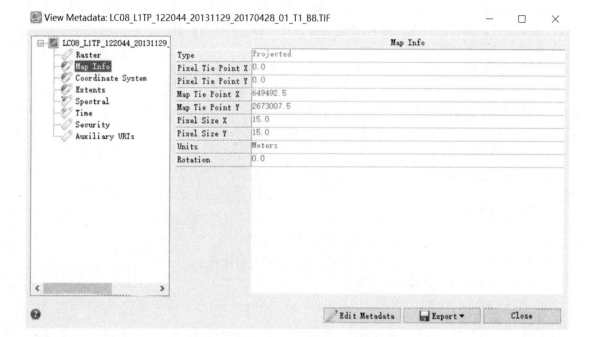

图 4-3-2　查看 B8 的元数据信息

查看"b1-7"的信息，如图 4-3-3 所示，其分辨率 30 m。

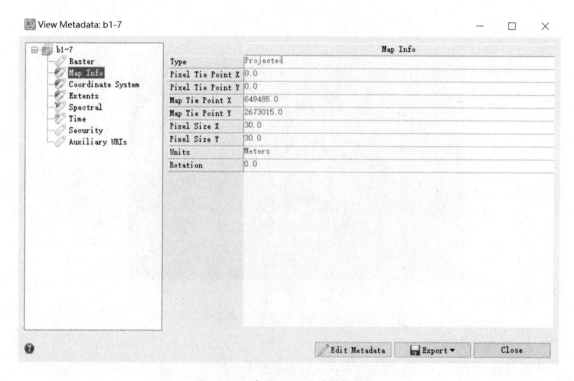

图 4-3-3　查看 b1-7 的元数据信息

3. 影像融合

（1）Gram-Schmidt（GS）影像融合。

① 打开融合功能。

在工具箱中，依次点击"影像融合"→"Gram-Schmidt 影像融合"，如图 4-3-4 所示。

图 4-3-4　打开 GS 影像融合工具

② 选择输入文件。

在文件选择框中分别选择"b1-7"作为低分辨率影像（Low Spatial）和"B8"作为高分辨率影像（High Spatial），点击"OK"，如图 4-3-5、图 4-3-6 所示。

图 4-3-5　选择"b1-7"作为低分辨率影像　　　图 4-3-6　选择 B8 作为高分辨率影像

③ 设置融合参数（图 4-3-7）。

打开"融合参数"面板，"传感器"类型选择"其他"，"重采样"方法选择"三次卷积"，"Output Format"（输出格式）选择"ENVI"，选择"Output Filename"（输出路径及文件名），点击"确定"即执行融合处理。

注意：进度条显示在右下角。

图 4-3-7　融合参数设置

④ 检查融合质量。

如图 4-3-8 所示，查看融合结果数据，可以看到融合影像的波段数为 7 个，分辨率提高到 15 m。

如图 4-3-9 所示，与原始多光谱数据对比，发现空间分辨率提高了。

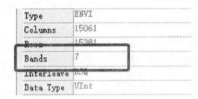
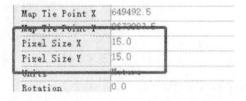

图 4-3-8　融合后数据波段数　　　　图 4-3-9　融合后数据空间分辨率

（2）HSV 影像融合。

① 打开融合功能。

在工具箱中，依次点击"影像融合"→"HSV 影像融合"，如图 4-3-10 所示。

图 4-3-10　打开 HSV 融合方法

② 选择输入文件。

在文件选择框中分别选择"b1-7"中的 3 个波段（如 B5、B4、B3）作为 RGB 输入波段，如图 4-3-11 所示。

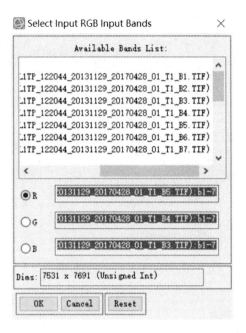

图 4-3-11　选择 B5、B4、B3 波段作为 RGB 输入波段

选择 B8 作为高分辨率影像，如图 4-3-12 所示。

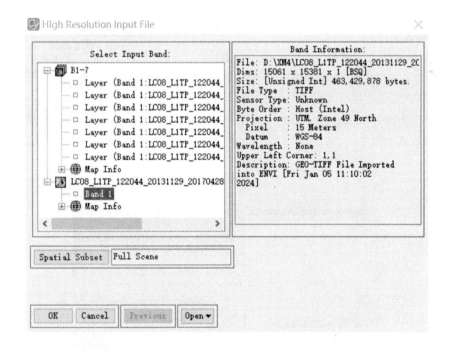

图 4-3-12　选择 B8 作为高分辨率影像

③ 设置融合参数。

打开设置参数面板，设置重采样方法和保存路径，如图 4-3-13 所示。

图 4-3-13　融合参数设置

④ 检查融合质量。

与 GS 类似，在此不再赘述。

（3）主成分变化影像融合。

① 打开融合功能。

在工具箱中，依次点击"影像融合"→"主成
分变化影像融合"，如图 4-3-14 所示。

② 选择输入文件。

在文件选择框中分别选择"b1-7"中的波段 B1~
B5 和波段 7 共 6 个反射波段作为低分辨率影像，如
图 4-3-15 所示。

选择 B8 作为高分辨率影像，如图 4-3-16 所示。

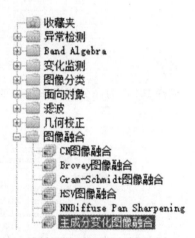

图 4-3-14　主成分变化影像融合

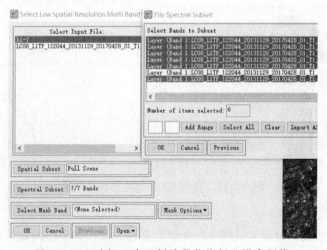

图 4-3-15　选择 6 个反射波段作为低分辨率影像

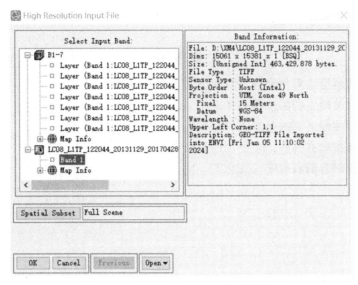

图 4-3-16 选择 B8 作为高分辨率影像

③ 设置融合参数。

打开设置参数面板，设置重采样方法和保存路径，如图 4-3-17 所示。

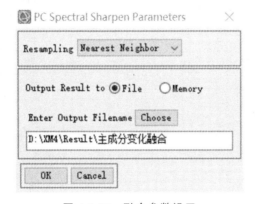

图 4-3-17 融合参数设置

④ 检查融合质量

与 GS 类似，在此不再赘述。

（四）成果要求

（1）以几何校正后的多光谱和全色波段为基础，分别采用几种方法进行融合，并对不同方法的融合效果进行比较。

（2）以文字描述加截图的方式，撰写实训报告，提交到教学平台。

项目小结

本项目重点介绍了遥感影像增强处理的相关知识点及技术应用，旨在增强同学们基本理论知识的学习能力和强化相关技能操作的训练，通过理论和实践相结合的方式提高同学们对于该部分内容的熟练程度。

思考题

（1）什么是遥感影像彩色增强、对比度增强和滤波增强？

（2）遥感影像波段组合的步骤是什么？

（3）遥感影像波段运算的基本条件是什么？

（4）常用植被指数有哪些，主要用途是什么？

（5）遥感影像融合前后有哪些变化？

遥感影像目视解译

知识目标

◆ 了解遥感影像的目视解译标志
◆ 掌握 ArcGIS 软件遥感影像解译的操作步骤

技能目标

◆ 懂遥感影像目视解译基本原理
◆ 会遥感影像目视解译的流程与方法
◆ 能操作 ArcGIS 软件进行遥感影像解译

素质目标

◆ 培养严谨细致、精益求精的工作作风
◆ 增强自然资源保护意识

任务导航

◆ 任务一　遥感影像目视解译的原理
◆ 任务二　遥感影像目视解译的方法与流程

任务一　遥感影像目视解译的原理

【知识点】

一、遥感影像目视解译基本原理

（一）遥感影像解译基础知识

1. 专业知识

需要熟悉所解译的学科及相关学科的知识，包括对地物成因联系、空间分布规律、时相变化以及地物与其他环境要素间的联系等知识。比如遥感地质探矿，首先需具备地层、构造、蚀变带等与探矿直接相关的地质知识和经验，还需要了解植物分布、土壤等相关知识。

2. 地理区域知识

地理区域知识指区域特点、人文自然景观等。每个区域有其独特的区域特征，即地域性，它会影响到影像的图形结构等，能直接帮助识别地物和现象。

3. 遥感系统知识

解译者必须了解每一影像是怎样生成的；不同遥感器是如何描述景观特征的，它使用何种电磁波段，空间分辨率是多少，怎样从影像中获得有用的信息等。

（二）遥感影像解译与日常目视观察的不同点

遥感影像通常为"顶视-鸟瞰"，而不同于日常生活中的目视；遥感影像常用可见光以外的电磁波段，而大多数我们熟悉的电磁波段是在可见光谱段；遥感影像常用一种不熟悉或变化的比例和分辨率描述地球表面。因此，对于初学者需要多对照地形图、实地或熟悉地物观测，以增强立体感和景深印象，纠正视觉误差，积累影像解译经验。遥感影像的解译过程是地面目标成像过程的逆过程，即从地面实况的模拟影像中提取遥感信息、反演地面原型的过程。

（三）遥感影像解译的两种方式

1. 目视解译（Visual Interpretation）

借助人眼的观察和人的智慧，通过使用一些量测工具（测微尺、放大镜、立体镜等）来识别影像中的目标。解译者的学识和经验在解译中起主要作用，虽精度高，但难以对海量空间信息进行定量化分析。

2. 计算机影像理解（Computer Imagery Understanding）

以计算机软硬件为支撑，利用模式识别技术（Pattern Recognition）和人工智能（Artificial Intelligence）技术，建立影像解译专家系统（Experts System），让计算机模拟人工解译过程，可读取遥感影像上的特征，进而确定影像上的目标。其具有速度快，处理方式灵活多样的特点，整个处理过程通常是以人机交互方式进行，对计算机技术和算法要求较高，识别的精度通常不及目视解译。

二、遥感影像目视解译标志

(一) 解译标志的概念及分类

遥感影像上能帮助人们识别不同目标的哪些影像特征被称为解译标志（Interpretation Mark）。解译标志根据解译的方式分为直接解译标志和间接解译标志。能在遥感影像上直接看到可供解译的影像特征称为直接解译标志，如形状、大小、阴影、纹理、色调等。运用某些直接解译标志，根据地物的相关属性等地学知识，可间接推断出的影像标志称为间接解译标志，如根据道路与河流相交处的特殊影像特征，可以判断渡口；根据植被、地貌与土壤的关系，来识别土壤类型和分布（如温带针叶林区多为灰化土）。

(二) 主要的目视解译标志

1. 色　调

色调、颜色是地物波谱信息构成的影像属性，是最重要、也是最基本的解译标志。色调深浅和颜色种类及其亮度在不同类型遥感影像上的物理含义不同。色调是航空像片解译中的重要标志，因为地物的形状、大小是通过与周围地物色调的差异表现出来的。色调尤其对一些外部形状特征不明显的地物和现象的解译显得特别重要，如土壤的干湿程度、沙土的分布范围等。黑白航片的色调等级称灰阶或灰度。

2. 形　状

形状是物体的外形轮廓在影像上的反映。地物的形状与影像比例尺、分辨率、投影性质等因素有关。比例尺大、分辨率高，则地物的形状细节显示越清楚；反之模糊，甚至显示不出。投影性质会造成地物形状变形，尤其是影像边缘附近影响更大。

3. 纹　理

纹理，也叫内部结构，指影像中目标地物内部色调有规则变化造成的影像结构，反映斑块的质地、细微结构（图 5-1-1）。在小比例尺影像上，纹理是地物形状、大小、色调、微地貌、植被及环境因素等的综合显示，能宏观反映某一类地物（如岩类、断裂等）在大范围内出现的影像特征，是地貌、地质解译的重要标志，也是各种同类地物在小比例尺影像上的重要解译标志。

4. 大　小

大小是指遥感影像上目标物的形状、面积与体积的度量。它是遥感影像上测量目标地物最重要的数量特征之一。大小不仅能反映地物的一些数量特征（长、宽、高、面积和体积等），而且还能据此判断地物的性质。地物影像的大小主要取决于地物本身大小和像片比例尺大小。

5. 阴　影

阴影是遥感影像上的光束被地物遮挡而产生的地物的影子（图 5-1-2）。地物的阴影可分为本影（本身阴影）和落影（投落阴影）。本影是地物本身未被阳光直接照射到的阴暗部分的影像；落影是地物背光方向上地物投射到地面的阴影在像片上的构像。

图 5-1-1　纹理（广州市南沙区的果园）

图 5-1-2　阴影（广州塔）

6. 位　　置

位置是解译对象所在的地理位置、地形部位或与其他地物的相关位置。地表物体之间往往存在一定的空间联系，有时甚至是相互依存的，因此地物所处的位置是帮助解译者确定地物属性的重要标志之一。

7. 图　　案

图案又称为图形结构，指自然或人文特征有规律的、重复出现的排列格局。图案是由形状、大小、色调、阴影、纹理等影像特征组合而成的模型化的解译标志。

8. 布　　局

相关布局是指多个地物之间的空间配置关系，是由各种物体组合而成的一个总体，综合分析其组成及相互联系可以推断地物的属性，因而也称为综合解译标志。

一些解译标志往往带有地区性和地带性，常随环境的变化而变化。色调、阴影、图形、纹理等标志会随成像时的自然条件和技术条件的改变而改变。

任务二 遥感影像目视解译的方法与流程

【知识点】

一、遥感影像目视解译的原则、方法与基本过程

（一）遥感影像目视解译的原则

从应用目的出发，总体观察、全面分析影像特征。坚持先易后难，由粗入细，由整体到局部的原则。应充分利用各种解译标志，包括直接标志和间接标志，以相互补充、彼此验证。随着多光谱和多平台遥感技术的发展，应尽可能创造条件开展多波段、多时相、多类型遥感影像的对比分析。

（二）遥感影像目视解译的方法

1. 直接解译法

直接解译法是使用直接解译标志进行遥感影像目视解译的方法，使用的标志有色调、色彩、大小、形状、阴影、纹理、图案等。

2. 对比分析法

对比分析法是通过对比分析进行遥感影像目视解译的方法，包括同类地物对比分析、空间对比分析、时相动态对比。

3. 信息复合法

信息复合法是利用透明专题图或透明地形图与遥感影像复合，根据专题图或者地形图提供的多种辅助信息，识别遥感影像上目标地物的方法。

4. 综合推理法

综合推理法是综合考虑遥感影像多种解译特征，结合生活常识，分析、推断某种目标地物的方法。

5. 地理相关分析法

地理相关分析法是根据地理环境中各种地理要素之间相互依存、相互制约的关系，借助专业知识，分析推断某种地理要素性质、类型、状况与分布的方法。

（三）目视解译的基本过程

1. 目视解译的准备阶段

根据研究对象和精度要求，选择相应比例尺且最富含研究对象信息的影像种类和波段、

波段组合作为解译的主要影像。尽量多收集不同种类、波段、比例尺及不同时相的影像，以综合分析。收集相应地区的地形图、相关专题图和文献，作为解译的参考。地形图比例尺应与影像比例尺相近，以便对比和转绘。根据解译的目的和经费的支撑，选择适当的空间分辨率、时相、光谱分辨率的遥感数据，并通过波段组合进行彩色增强，尽量收集质量好、现势性较强的地形图及有关专业图件和文字资料，编写解译标志表及说明草稿，选择野外典型地区进行粗查，为建立合理的解译标志表打好基础。

2. 室内影像初步解译阶段

按目视解译的基本原则进行，了解全区总貌，与其他资料进行对比，了解地区特征和各种判别要素的分布规律，特别是典型判别标志。对无法解译或把握不大的区域应记录下来，有待野外验证。

3. 野外调查与补充解译阶段

实地研究各典型类型的影像特征，验证、修改影像标志。

4. 室内详细解译阶段

按一定次序进行系统解译，勾绘要素边界，对无法判定的要素作疑问标记，选取野外验证路线。

5. 野外抽查验证阶段

对疑点、重点、难点进行实地观察。

6. 成果整理与制图总结阶段

修改、补充解译内容，成图，编写报告。

二、不同类型遥感影像解译

（一）航空摄影像片的解译

1. 黑白影像的解译

航空遥感使用最多的像片，也称为普通黑白片，采用 $0.39 \sim 0.72 \, \mu m$ 的感光胶片成像，再晒印成像片（正像）。黑白全色像片上，目标物的形状和色调是解译的主要标志。黑白全色像片上的明暗色调与人们日常熟悉的真实景物明暗色调近似，像片的比例尺均较大，因而很容易解译各种地物现象。影像色调的深浅反映出地物对可见光反射能力的强弱。反射率高的物体，影像色调浅白；反射率低的物体，影像色调暗灰。

黑白红外像片可分为全色黑白红外像片和黑白红外（波段）像片。全色黑白红外像片是可感 $0.4 \sim 0.77 \, \mu m$ 的可见光及近红外光。黑白红外（波段）像片是多波段摄影中的红外波段像片，可感 $0.7 \sim 0.9 \, \mu m$ 的近红外光。地物的影像色调取决于地物反射可见光和近红外光的能力。与黑白全色片的色调相比，植被的色调浅，水体的色调深。地物的影像色调取决于地物反射近红外光的能力，地物对近红外光的反射率高，则色调浅；反之则色调深。由于大气散射、吸收对红外波段摄影影响小，雾霾、烟尘对其影响也小，因此，利用红外摄影进行土地资源调查、洪水灾害评估、军事侦察十分有效。

2. 彩色影像的解译

彩色像片分为天然彩色摄影像片（全色片）和彩色红外像片两种。影像的色彩会受摄影时间（太阳高度角）、天气（阴、晴）、季节、摄影质量、地物亮度及其表面结构、洗印技术等因素的影响。天然彩色摄影像片可基本反映地物的天然色彩，地物类型间的细微差异也可以通过色彩的变化表现出来。丰富的色彩提供了比可见光黑白像片更多的信息，地物也更易于识别。大气对蓝光的散射效应特别显著，因此对天然彩色片的影响较大。由于彩色红外像片不感蓝光，因而大气散射对其的影响远小于可见光波段。像片的信息量大，像片的反差和清晰度高，在植被、土壤和水等地理要素之间的反射率存在差异，在近红外波段比在可见光波段大，故应用极为广泛。

热红外影像是接收地物的热辐射成像的，其影像色调的深浅与地物的实际温度 T 及发射率 ε 有关，地物的 T 及 ε 高，则色调浅，呈灰白或白色；反之则色调深，呈灰黑或黑色。地物的热辐射特性除受自身的结构性质及热学性质影响外，还受到环境因素的影响，如太阳辐射的日变化，使不同地物之间产生热较差。气流变化会使一些地物特别是高温地物产生热晕及热阴影等，其对影像色调及构像有较大影响。色调是地物亮度温度的构像。影像的不同灰度表征了地物不同的辐射特征。影像正片上的深色调代表地物热辐射能力弱，浅色调代表地物热辐射能力强。各种地物热辐射状况的不同，在影像上形成了深浅不同的色调，这是判别地物的基础。热红外探测器检测到物体温度与背景温度存在差异时，就能在影像上构成物体的"热分布"形状。热红外影像的地面分辨力较差，易受空气和风等因素的干扰，所以地物在热红外影像上的形状和轮廓都比较模糊。一般说来，物体的"热分布"形状不是它真正的形状，除非物体表面热辐射能力处处相同。水体，在白天比周围物体温度低，显深色调；在夜晚比周围温度高，显浅色调。热水体昼夜都是高温，始终为浅色调。道路中的水泥、沥青的吸收率和发射率都很高，在夜晚能与周围地面保持良好的热接触，得到地面热源的不断供给，呈浅色调，在白天呈灰色调。潮湿地面无论昼夜都比干燥地面冷，因此呈暗色调。绿色植物反射短波红外能力强，辐射长波红外能力弱，加上白天水分蒸发，因此白天温度低，呈较暗、较深的色调；夜晚植被温度高于地表温度，呈浅、亮色调（中灰至亮灰色调），草地在夜晚呈深色调。岩石热惯量低，白天热红外影像上呈浅色调，夜晚呈暗色调。不同种类岩石在影像上的色调有差异。

（二）雷达影像的解译

雷达影像以深浅不同的黑白色调、阴影、纹理反映地物。雷达影像反映的是雷达回波强度，所以，影像的色调差异主要取决于回波的强弱。雷达回波的强弱又取决于地表特征和雷达系统参数，地表特征包括坡向、坡度、表面粗糙度、形状、含水量、复介电常数。雷达系统参数包括雷达波长、侧视角、航高。雷达系统采用侧向扫描并按回波到达的先后顺序（斜距）成像，其投影性质属于多中心旋转斜距投影，具有与其他遥感影像不同的特点，因此其影像的变形不同于摄影或扫描影像。雷达影像上，同一形状的地物近程影像被压缩，遇高山、深谷或悬崖陡坡时会产生盲区、死角及造成叠掩现象。雷达影像上的阴影决定于物体高度、侧视角和航高，阴影使雷达影像具有反差大、立体感强的特点。雷达影像上的斑纹或斑点，称为纹理，通常用细密、中度或粗糙来描述。

【技能点】

遥感影像目视解译

（一）技能目标

掌握遥感影像目视解译的主要方法和实施过程。

（二）训练内容

（1）利用 ArcMap 的数据编辑等相关功能模块，对给定的遥感影像进行目视解译。

（2）对目视解译的结果进行评价、修改、统计分析和保存。

（三）操作步骤

1. 数据准备

在 ArcMap 工具栏中，点击添加数据选项，导航至待解译影像所在文件夹"D:\XM5"，选中需要解译的影像，点击添加，完成原始影像导入（图 5-2-1）。为了提升解译的效果，需要重新选择 752 三个波段分布赋给红绿蓝三个通道，并做线性拉伸显示（图 5-2-2）。

图 5-2-1　添加数据

图 5-2-2　数据显示

2. 建立解译标志

根据之前的已有资料，结合野外踏勘的情况，对影像进行初步分析。在这一幅遥感影像中，主要有绿地、水体、建设用地三大类地物。它们的解译标志分别为：绿地是绿色的面状区域；水体包括河流和湖泊两类，颜色都是蓝色或者蓝黑色，河流是线状区域，湖泊是面状的；建设用地包括居民地、工矿用地等，是红色、紫红色或者亮白色的面状区域（图5-2-3）。

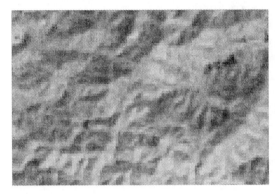
（a）绿地（林地）

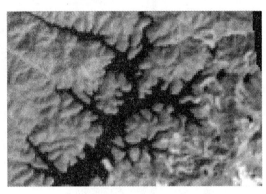
（b）水体（水库）

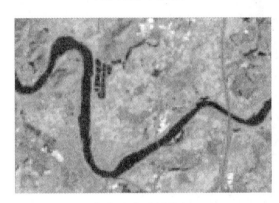
（c）水体（河流）

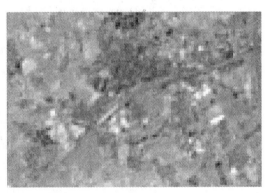
（d）建设用地（居民地）

图 5-2-3 各类地物解译标志

3. 创建矢量文件

点击右侧目录，在 "D:\XM5" 文件夹上右键选择 "新建（N）" → "ShapeFile(S)"（图5-2-4）。

在弹出的 "创建新 Shapefile" 对话框中，输入名称为 "绿地"，要素类型选择 "面"，设置空间参考坐标系类型与遥感影像相同，点击 "确定"，完成 Shapefile 图层创建（图5-2-5）。本次实训创建 "绿地" "水体" "建设用地" 3类地物的矢量文件，要素类型均为面。

4. 目标解译

在工具栏中点击 "编辑器（R）"，在下拉菜单中点击 "开始编辑（T）"（图5-2-6）。

点击 "创建要素"，在创建要素内容列表中，选择所要解译的图层，这里选择 "水体"（图5-2-7）。

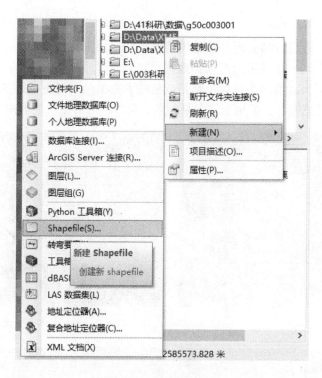

图 5-2-4　新建 Shapefile

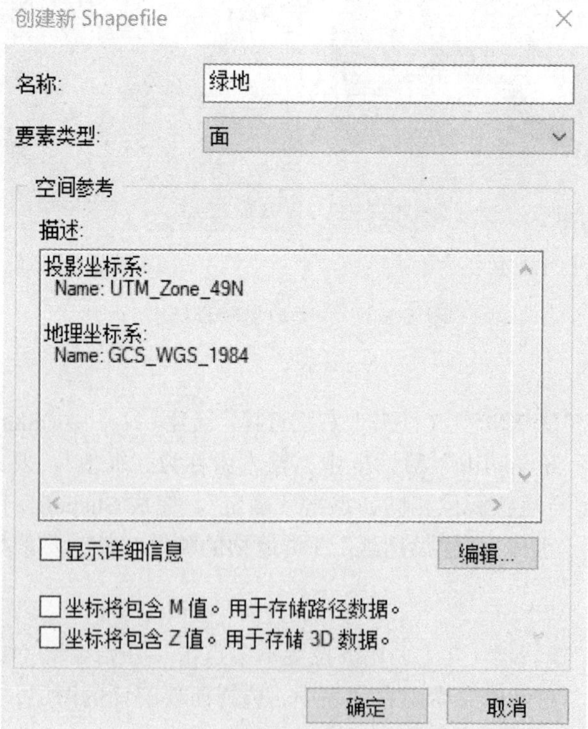

创建新 Shapefile   ✕

名称: 绿地

要素类型: 面   ∨

空间参考

描述:

投影坐标系:
　Name: UTM_Zone_49N

地理坐标系:
　Name: GCS_WGS_1984

☐ 显示详细信息   编辑…

☐ 坐标将包含 M 值。用于存储路径数据。
☐ 坐标将包含 Z 值。用于存储 3D 数据。

确定   取消

图 5-2-5　设置 Shapefile 参数

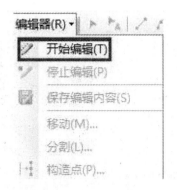

图 5-2-6　开始编辑

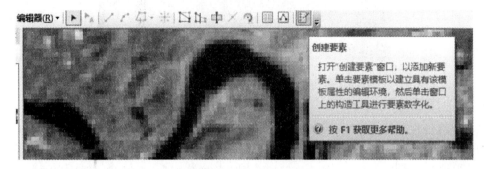

图 5-2-7　选择编辑图层

在"构造工具"中,选择"面"(图 5-2-8)。

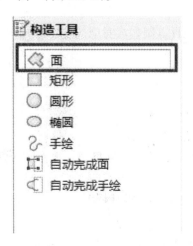

图 5-2-8　选择编辑数据类型

在图层显示区中,缩放至合适比例尺,开始解译(图 5-2-9)。

全部河流和湖泊解译解译完成后,点击"编辑器(R)"→"保存编辑内容(S)"→"停止编辑(P)",至此完成"水体"图层的解译。其他图层的解译方法和流程类似。

注意:在解译过程中,每解译一部分时都应点击"编辑器(R)"→"保存编辑内容(S)",以防误操作导致解译结果未保存!

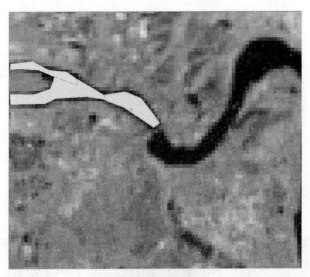

图 5-2-9　图层解译

5. 添加图层属性

各类地物目视解译完毕后，为图层添加属性字段，然后结合原始遥感影像、历史土地利用类型图等相关资料和通过网络检索等方式，为每个地物输入对应的属性。本次为添加"名称"和"类别"两个属性字段，均为字符串类型，长度分别为 24 和 12，然后为每个要素添加对应的属性。具体操作方法在《GIS 技术及应用》课程中有详细介绍，这里不再赘述。

6. 专题制图

遥感目视解译的最终结果，可以制作成对应的遥感专题图。具体流程在本书的项目七有详细的介绍，在此不再赘述。

（四）成果要求

（1）完成给定的遥感影像的目视解译。

（2）对目视解译的结果进行评价、修改、统计和保存。

（3）以文字描述加截图的方式，撰写实训报告，提交到教学平台。

项目小结

本项目介绍了遥感影像解译的基本原理、流程与方法，以及不同类型遥感影像的解译方法。通过本项目的学习，同学们能够掌握遥感影像解译的基本原理、流程与方法，具备解译不同类型遥感影像解译的能力。

思考题

（1）遥感影像目视解译的标志有哪些？

（2）遥感影像目视解译的方法主要有哪些？

（3）遥感影像目视解译的流程是什么？

遥感影像计算机分类

知识目标

◆ 了解遥感影像计算机分类的概念
◆ 掌握常用遥感影像计算机分类方法的原理

技能目标

◆ 懂遥感影像分类的原理
◆ 会利用非监督、监督、决策树方法进行遥感影像分类
◆ 能进行分类精度评价和分类后处理

素质目标

◆ 培养认真细致、精益求精的敬业精神
◆ 提升发现问题、思考问题和解决问题的能力

任务导航

◆ 任务一 遥感影像计算机分类基础知识
◆ 任务二 遥感影像非监督分类
◆ 任务三 遥感影像监督分类
◆ 任务四 遥感影像决策树分类
◆ 任务五 遥感影像分类后处理
◆ 任务六 遥感影像精度评价

任务一　遥感影像计算机分类基础知识

【知识点】

一、遥感影像计算机分类的概念物理基础及难点

（一）遥感影像计算机分类的概念

遥感影像计算机分类，是对给定的遥感影像上的所有像元的地表属性进行识别归类的过程。分类的目的，是在属性识别的基础上，进一步获取区域内各种地物类型的面积、空间分布等信息。遥感影像的计算机分类与目视解译的目标都是将地物类别划分出来，但是手段和方法完全不同。

（二）遥感影像计算机分类的物理基础

遥感影像是传感器记录地物发射或者反射的电磁辐射的结果，影像中的像元亮度，是地物发射或反射光谱特征的反映。因此，同一类地物在同一波段的遥感影像上，一般表现为相同的亮度，而在同一遥感影像的多个波段上，其亮度呈现相同的变化规律。同理，不同的地物在同一波段上，一般表现为不同的亮度，而在同一遥感影像的多个波段上，则呈现出不同的亮度变化规律。这就是在遥感影像上区分不同地物类别的物理基础（图 6-1-1）。

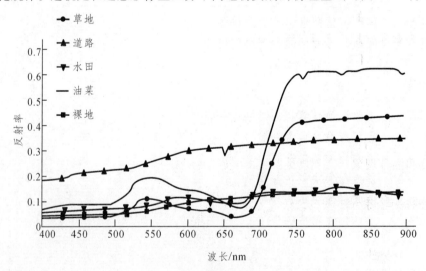

图 6-1-1　地物的光谱曲线

实际工作中，由于受到大气条件、地物自身的多样性、地物所处的环境和传感器自身状况等多种因素的影响，同一类地物在遥感影像的某一波段中的亮度不可能是完全相同的，而是会集中在亮度区间，也就是在影像上会形成一个相对集中的点簇。不同的地物，则会在影像上分别形成多个可以区分的不同点簇。

遥感影像计算机分类，主要利用的是遥感影像中各个像素之间的相似度。常使用距离和相关系数来衡量相似度（图 6-1-2）。采用距离衡量相似度时，距离越小相似度越大。采用相关系数衡量相似度时，相关程度越大，相似度越大。

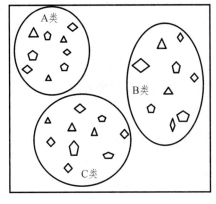

（a）距离衡量   （b）相关系数度衡量

图 6-1-2　衡量相似度的指标

（三）遥感影像计算机分类的难点

由于各种因素的影响，遥感影像计算机自动分类存在以下难点：

（1）遥感影像是从遥远的高空成像的，成像过程会受到传感器、大气条件、太阳位置等多种因素的影响。影像中所提供的目标地物信息不仅不完全，而且或多或少地带有噪声，因此人们需要从不完全的信息中尽可能精确地提取出地表场景中感兴趣的目标物。

（2）遥感影像信息量丰富，与一般的影像相比，其包容的内容远比普通的影像多，因而内容非常"拥挤"，不同地物间信息的相互影响与干扰使得要提取出感兴趣的目标变得非常困难。

（3）遥感影像的地域性、季节性和不同成像方式增加了计算机对遥感数字影像解译的难度。

（4）在现实条件下，"异物同谱"和"同物异谱"现象是普遍存在的，也就是说不同地物可能具有相同的光谱特征，或者相同地物有不同的光谱特征。这样会导致出现分类误差，比如出现错分和漏分现象，需要借助其他的辅助特征加以区分。

二、遥感影像分类的方法

遥感影像计算机分类的方法很多，归纳起来有以下 4 种划分方法：

（1）基于分类的依据，可以分为基于光谱特征的分类和基于光谱特征和辅助特征的分类。前者是单纯依赖像元在各波段的亮度值及其组合或变换的结果；后者除了考虑像元的光谱特征外，还要利用像元和其周围像元之间的空间关系，如纹理、形状、方向等。

（2）基于分类过程中人工参与的程度，可以分为监督分类、非监督分类和二者结合的混合分类。非监督分类完全依赖计算机对像元光谱特征的统计，而监督分类则需要用到人工选择的训练样区。

（3）基于分类的对象，可以分为逐像元分类和面向对象分类。传统的分类方法都是以离散的像元为分类对象。而近年来发展起来的面向对象的分类方法则允许将整个分类区域进行多尺度的分割，划分出若干个同质化的图斑或斑块，然后再对同质斑块进行类别区分。

（4）基于输出结果的明确程度，可以分为硬分类和模糊分类。传统的分类方法是将每一个像元划分到一个确定的类别中，都属于硬分类，而由于遥感影像中的混合像元普遍存在，硬分类有一定的不合理性。模糊分类允许一个像元被划分到多个类别中，并用类的隶属度函数表示其归于某个类别的可能性。

在实际工作中，并没有绝对"正确"的分类方法，究竟选择哪种分类方法来进行分类，将受到遥感影像特征、应用需求和所能提供的计算机软硬件环境等多种条件的影响。

任务二　遥感影像非监督分类

【知识点】

一、遥感影像非监督分类的概念及思想

遥感影像非监督分类，也称为聚类分析或者点群分析，是指在没有先验类别的情况下，由计算机直接根据像元间光谱特征的相似程度进行归类合并的分类方法。

非监督分类方法的前提是假定同一类地物在遥感影像上具有相同的光谱特征，仅凭遥感影像的特征和光谱空间中自然点群的分布状况进行分类，而不依赖于任何先验知识。

非监督分类的结果只是表明像元之间存在差异，不能确定其类别属性。类别属性的确定，需要在分类之后通过目视解译或者实地调查进行确定。

二、遥感影像非监督分类的算法

遥感影像非监督分类主要采用聚类分析法，也就是把像元按照相似性归纳为若干类别。算法很多，常用的是 K 均值算法和 ISODATA 算法。

（一）K 均值算法

K 均值算法，也叫 K-Means 算法或 C-Means 算法，是以距离作为相似度的评价指标，用样本点到类别中心的误差平方和作为聚类好坏的评价指标，通过迭代的方法使总体分类的误差平方和函数达到最小的聚类方法。

K 均值算法的流程如图 6-2-1 所示。首先确定初始的聚类中心，将各样本划分到与其聚类最近的聚类中心所在的类别中，然后通过迭代，逐次移动各类中心，直到聚类中心不再改变，得到最终的分类结果。

K 均值算法的优点：① 能根据较少的已知聚类样本的类别对"树"进行"剪枝"，确定部分样本的分类。② 能克服少量样本聚类的不准确性。该算法本身具有优化迭代功能，在已经求得的聚类上再次进行迭代修正"剪枝"，确定部分样本的聚类，优化了初始监督学习样本分类不合理的地方。③ 由于只是针对少部分样本，可以降低总的聚类时间复杂度。

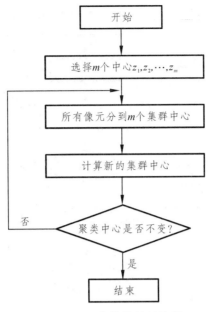

图 6-2-1　K 均值算法的流程

K 均值算法的缺点：① 在 K 均值算法中，K 值要事先给定，但这个 K 值的选定非常难以估计，很多时候，事先并不知道给定的数据集应该分成多少个类别才最合适。② 在 K 均值算法中，首先需要根据初始聚类中心来确定一个初始划分，然后对初始划分进行优化。这个初始聚类中心的选择对聚类结果有较大的影响，一旦初始值选择得不好，可能无法得到有效的聚类结果。③ 从 K 均值算法可以看出，该算法需要不断地调整样本分类，不断地计算调整后的新的聚类中心，因此当数据量非常大时，算法的时间开销是非常大的。

（二）ISODATA 算法

ISODATA（迭代自组织数据分析技术）算法是利用合并和分开的一种著名的聚类方法。

ISODATA 算法的流程如图 6-2-2 所示。首先计算数据空间中均匀分布的类均值，然后用最小距离技术将剩余像元迭代聚集。每次迭代需重新计算均值，且用这一新的均值对像元进行再分类。重复分类的分割、融合和删除是基于输入的阈值参数的。除非限定了标准差和距离的阈值，否则所有像元都被归到与其最邻近的一类里。这一过程持续到每一类的像元数变化少于选择的像元变化阈值或已经到了迭代的最多次数，则结束分类。

ISODATA 算法与 K 均值算法有两点不同：① ISODATA 不是每调整一个样本的类别就重新计算一次各类样本的均值，而是成批进行样本修正。② ISODATA 算法不仅可以通过调整样本的所属类别完成样本的聚类分析，而且可以自动地进行类别的"合并"和"分裂"，从而得到类数比较合理的聚类结果。

ISODATA 算法的优点：① 聚类过程不会在空间上偏向数据文件的最顶或最底下的像素。② 因为 ISODATA 算法是一个多次重复的过程，其对蕴含于数据中的光谱聚类组的识别非常有效，只要让其重复足够的次数，其任意给定的初始聚类组平均值将对分类结果没有影响。

ISODATA 算法的缺点：① 比较费时，需要重复许多次。② 没有解释像素的空间同构型。

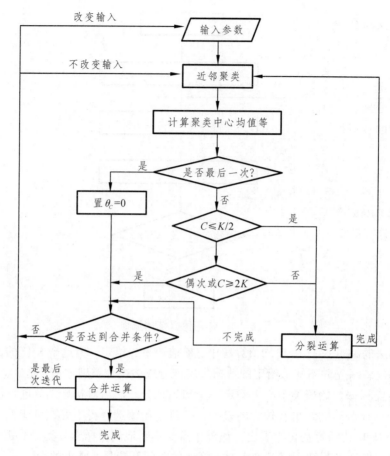

θ_C —两个聚类中心间的最小距离；C —初始聚类中心个数；K —预期聚类中心数目。

图 6-2-2   ISODATA 算法的流程

三、遥感影像非监督分类的流程及特点

（一）非监督分类的流程

遥感影像非监督分类的流程主要分为影像分析、选择分类算法、影像分类、类别定义与合并、分类后处理和结果验证。

（1）影像分析。

影像分析可以大体上判断主要地物的类别数量。一般非监督分类设置分类数目比最终分类数量要多 2~3 倍为宜，这样有助于提高分类精度。

（2）选择分类算法。

根据影像特点，选择合适的分类算法。目前非监督分类算法比较常用的是 ISODATA 算法和 K 均值算法。

（3）影像分类。

设置好输入的遥感影像、类别数目、迭代次数等分类参数，选择输出文件目录，进行影像分类。

（4）类别定义与合并。

类别定义是通过目视或者其他方式识别分类结果，填写相应的类型名称和颜色。在类别定义时，可以把很明显的错误分类结果并入或者删除。

类别合并是把属于同一类的类别合并成一类。

（5）分类后处理。

分类后处理的过程很多，包括更改类别颜色、分类统计分析、小斑点处理（类后处理）、栅矢转换等操作。

（6）结果验证。

对分类结果进行评价，确定分类的精度和可靠性。对于精度验证可通过混淆矩阵或受试者工作特征曲线（ROC 曲线）。其中，比较常用的为混淆矩阵，因为它是衡量模型准确度中最基本、最直观、计算最简单的方法。ROC 曲线则是用图形的方式来表达分类精度，比较形象。

（二）非监督分类的特点

（1）非监督分类的优点：① 不需要对所要分类的区域有广泛的了解。② 可减少人为误差的次数。③ 可形成范围很小但有独特光谱特征的集群，所分的类别比监督分类的类别更均质。④ 独特的、覆盖面小的类别均能够被识别。

（2）非监督分类的缺点：① 对其结果需进行大量分析及后处理，才能得到可靠的分类结果。② 存在同物异谱及异物同谱现象，使集群组与类别的匹配难度大。③ 不同影像间的光谱集群组无法保持连续性，难以对比。

【技能点】

遥感影像非监督分类

（一）技能目标

掌握遥感影像非监督分类的主要方法和实施过程。

（二）训练内容

利用 ENVI 的非监督分类功能，分别采用 ISODATA 算法和 K 均值算法，对自己工作区的遥感影像进行非监督分类，并对分类结果进行定义、合并和统计。

（三）操作步骤

1. 数据准备

（1）打开待分类影像。

这里使用经过几何校正的工作区的 Landsat 8 影像，包含组合好的 7 个波段（L8b1-8_standard_subset.dat）。通过文件菜单下或者工具条下的"打开"功能，打开该影像（图 6-2-3）。同时需要打开工作区的掩膜文件。

（2）彩色显示。

点击"数据管理器"工具，选择 B7、B5、B2 或者其他波段组合，点击"加载"，将影像进行彩色显示（图6-2-4）。为了增加显示亮度，可以做1%的拉伸。

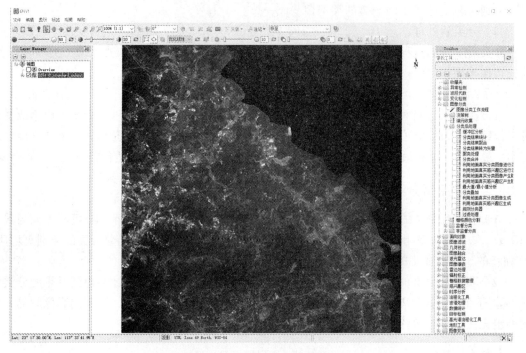

图 6-2-3　打开待分类影像

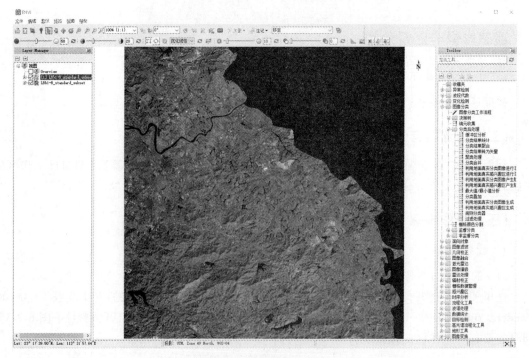

图 6-2-4　影像彩色显示

2. 执行非监督分类

1）ISODATA 法

（1）打开 ISODATA 分类功能。

在右侧的工具栏上，依次点击"影像分类"→"非监督分类"→"ISODATA"，打开 ISODATA 分类功能（图 6-2-5）。

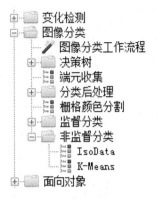

图 6-2-5　打开 ISODATA 功能

（2）选择待分类的影像。

在"Classification Input File"对话框中，点击选择刚打开的影像数据"L8b1-8_standard_subset.dat"，如图 6-2-6 所示。

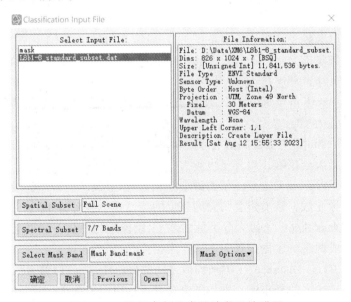

图 6-2-6　选择参与分类的波段及掩膜区

因为热红外波段在各类地物的 DN 值差不多一样，无法有效区分类别，不适合参与分类，所以只选择其中的反射波段，如 Landsat 5、7 的 b1-5 和 b7，或者是 Landsat 8 的 b2-7。

① 选择波段。

点击"Spectral Subset"（波谱裁剪），打开"File Spectral Subset"（文件波谱裁剪）对话框，

选择反射波段。

②设置掩膜区。

为了让工作区外的背景区不参与分类，可以通过"Select Mask Band"（选择掩膜区）设置掩膜区。

如果没有提前建立掩膜区，需要退出 ISODATA 对话框，回到主界面，通过左上角的"打开"（Open）功能打开工作区的矢量文件。

（3）设置分类参数。

在"ISODATA Parameters"对话框，设置相关参数（图6-2-7）。

图6-2-7　设置 ISODATA 分类参数

主要的参数设置如下：

①"Number of Classes"（类别数量范围）：一般输入的最小数不能小于最终分类数量，最大数量为最终分类数量的 2 ~ 3 倍。由于最终分类结果为绿地、建设用地和水体 3 类，所以设置 Min（最小数量）：6；Max（最大数量）：9。

②"Maximum Iteration"（最大迭代数）：迭代次数越大，得到的结果越精确，运算的时间也就越长。这里设置为 10。

③"Change Threshold"（变换阈值）：每当一类的变化像元数小于阈值时，结束迭代过程。这个值越小得到的结果越精确，运算量也越大。这里设置为 5。

④"Minimum # Pixel in Class"（每类最小像元数）：形成一类所需的最少像元数。如果其中的一类小于最少像元数，该类将会归并到邻近的类。这里设置为 1。

⑤"Maxium Class Stdev"（最大分类标准差）：以像素为单位。如果某一类的标准差比该阈值大，该类将分成两类。这里设置为 1。

⑥"Minimum Class Distance"（类别均值之间的最小距离）：以像素值为单位。如果类均值小之间的距离小于输入的最小值，则类别将合并。这里设置为 5。

⑦"Maxium # Merge Paris"（合并类的最大值）：这里设置为 2。

⑧"Maximum Stdev From Mean"（距离类别的最大标准差）：可选项，这里不设置。

⑨"Maximum Distance Error"（允许的最大距离误差）：可选项，这里不设置。

⑩选择文件输出位置和名称。

（4）执行分类。

点击"确定"，执行分类，分类结果如图6-2-8所示。

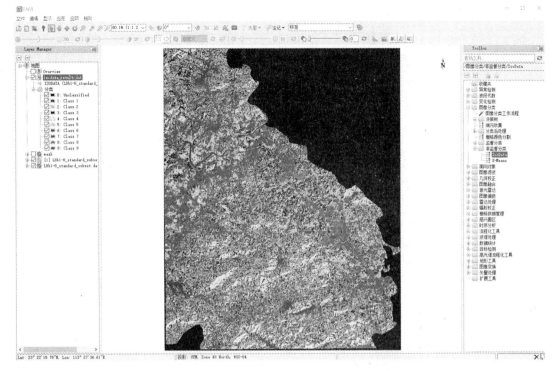

图 6-2-8　ISODATA 分类结果

2）K-Means 分类

（1）打开 K-Means 分类功能。

在主菜单上，选择"影像分类"→"非监督分类"→"K-Means"，打开 K-Means 分类工具（图 6-2-9）。

图 6-2-9　打开 K-Means 分类菜单

（2）选择待分类影像。

在"Classification Input File"对话框中选择待分类的影像数据，注意只选择其中的反射波段，如 Landsat 5、7 的 b1-5 和 b7，Landsat 8 的 b2-7。步骤与 ISODATA 相同。为了让工作区外的背景区不参与分类，可以设置掩膜区。通过"Select Mask Band"，选择前面建立好的掩膜区。选择完成后，点击"确定"进入下一步，设置分类参数，具体如图 6-2-10 所示。

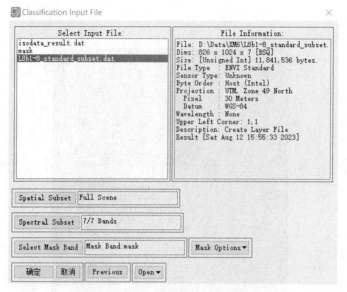

图 6-2-10　选择待分类影像

（3）设置参数。

打开"K-means Parameters"对话框中（图 6-2-11）。

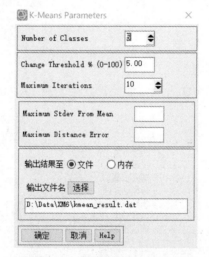

图 6-2-11　设置 K-Means 分类参数

主要的参数设置如下：

① "Number of Classes"（分类数量）：一般为最终输出分类数量的 2 ~ 3 倍。这里设置为 9。

② "Change Threshold %（0—100）"（变换阈值）：若每类的像元数变化小于该数值，则迭代停止。这里设置为 5。

③ "Maximum Iterations"（最大迭代次数）：迭代次数越大，精度越高。这里设置为 10。

④ "Maximum Stdev From Mean"（距离类别的值的最大误差）：可选项，这里不设置。

⑤ "Maximum Distance Error"（允许的最大距离误差）：可选项，这里不设置。

⑥ 选择文件输出位置和名称。

（4）执行分类。

点击"确定"，执行分类，分类结果如图 6-2-12 所示。

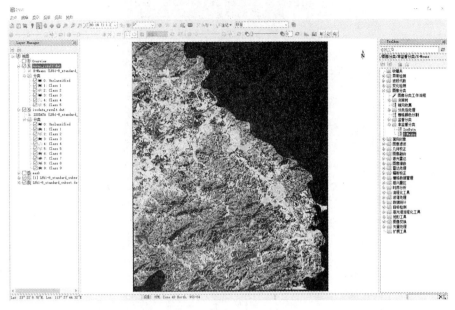

图 6-2-12　K-Means 分类结果

3. 类别定义与子类合并

非监督分类只是对影像进行初始分类，因此需要对分类结果进行类别定义，并且进行子类的合并。

1）类别定义

与彩色显示的原始影像进行对比，根据经验判断类别。这里以 ISODATA 的结果为例。

（1）打开原始彩色影像（图 6-2-13）。

图 6-2-13　打开原始彩色影像

（2）打开非监督分类结果（图 6-2-14）。

图 6-2-14　打开非监督分类的结果

（3）类别的识别。

首先在分类结果影像下选择"分类"，点击右键，选择"隐藏所有分类"，关掉所有的类别显示（图 6-2-15）。

图 6-2-15　关闭所有的分类显示

然后依次打开每一个类别，与原始影像进行对比，识别其对应的地类，并记录下来（图 6-2-16）。如果在一个位置无法确定类别，要通过鼠标移动界面，综合多个地方进行判断。

各类识别结果：Unclassified 为背景，Class 1 为水体，Class 2 为水体，Class 3 为绿地，Class 4 为绿地，Class 5 为绿地，Class 6 为建设用地，Class 7 为建设用地，Class 8 为建设用地，Class 9 为建设用地。

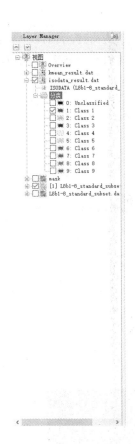

图 6-2-16 依次识别每一类地物

（4）类别的定义。

可以通过"头文件编辑"工具或者"编辑类别名称和颜色"两个功能，进行类别名称和颜色的修改。

点击"栅格数据管理"下的"编辑 ENVI 头文件"（图 6-2-17）。

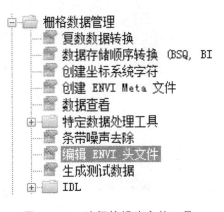

图 6-2-17 选择编辑头文件工具

在弹出的"数据选择"界面中，选择分类结果文件（图 6-2-18），点击确定，进入设置影像元数据界面。

找到类别定义区。依次修改每个类别的名字（注意尽量使用英文或者汉语拼音），同一类别名称的最后用数字按顺序区别。不要出现名称是完全相同的类别，否则将弹出错误，对话框会自动闪退，需要重新点击"编辑头文件"进入对话框修改名称。接着修改每个类别的颜色。一般水体为蓝色，绿地为绿色，建设用地为红色，具体如图 6-2-19 所示。

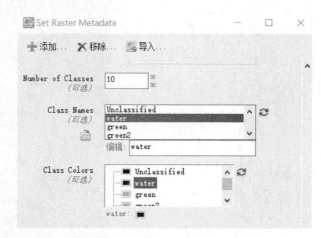

图 6-2-18 选择分类结果文件　　　　　　图 6-2-19 修改类别名称和颜色

点击"OK"保存，然后回到主界面显示类别定义结果（图 6-2-20）。

图 6-2-20 类别定义结果

2）子类合并

（1）打开类别合并工具。

依次打开"影像分类"→"分类后处理"，点击"分类合并"（图 6-2-21）。

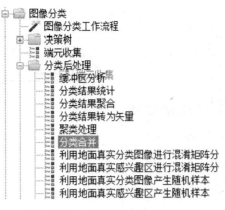

图 6-2-21 选择分类合并工具

（2）选择待合并分类结果文件（图 6-2-22）。

在"Combine Classes Input File"（类别合并输入文件）对话框下的"Select Input File"（选择输入文件）列表中，选择已进行类别定义的非监督分类结果"isodata_result.dat"，点击"确定"。

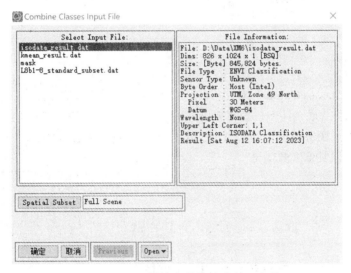

图 6-2-22 选择待合并的分类结果文件

（3）设置类别对应关系。

在"Combine Classes Parameters"（合并类别参数）对话框中，首先在左边的"Select Input Class"（选择输入类别）列表中选择输入类别"build 4"（要合并的类），再在右边的"Select Output Class"（选择输出类别）列表中选择输出类别"build"（合并后的类），然后点击"Add Combination"（添加组合）添加到"Combined Classes"（合并类别）列表（图 6-2-23）。一般把后面带序号的类别合并到该大类的第 1 个类别。"Unclassified"（未分类，背景）是单独一类，不合并。如果选错了，可点击"Combined Classes"（合并类别）列表中对应的行进行删除重选。

所有的类别全部选择完成后，在左边的输入类别列表中剩下的就是最终目标文件的类别，这里只剩下"Unclassified""water""green""build"。下面的合并列表显示了所有类别的对应关系。点击"确定"，进入下一步。

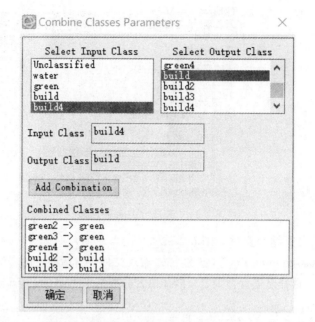

图 6-2-23 设置类别合并参数

（4）输出参数。

在 "Combine Classes Output" 对话框中，将 "Remove Empty Classes?"（移除空类）改为 "Yes"（是），以便在结果文件中去掉将要合并的空类名称。设置输出文件名和路径，点击 "确定" 完成合并类别（图 6-2-24）。如果忘记设置 "移除空类" 参数，则结果文件中会包含被合并的类别的名称，但其像素数为 0。

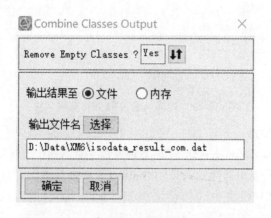

图 6-2-24 输出参数

（5）显示合并结果。

类别合并的结果如图 6-2-25 所示。从左边的 "Layer Manager"（图层管理器）中可以看到，合并结果文件中只剩下最终需要的 3 个类别和背景。

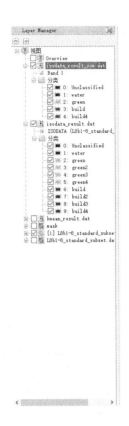

图 6-2-25　分类合并结果

4. 分类结果统计

（1）打开统计功能。

在"Layer Manager"（图层管理器）选择"分类"，点击右键，在弹出的菜单上选择"统计所有分类"功能（图 6-2-26）。

图 6-2-26　打开统计所有分类功能

（2）选择待统计的文件。

在弹出的"数据选择"对话框中，选择的输入文件"isodata_result_com.dat"为分类合并结果，点击确定（图 6-2-27）。

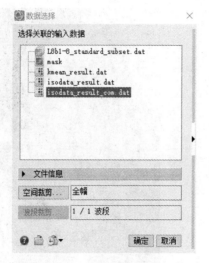

图 6-2-27　选择分类结果文件

（3）查看统计结果。

　　弹出的"分类统计"对话框，分为两个部分（图 6-2-28）。上半部分是以图形显示的类别统计结果，包括均值、标准差、波段直方图等。下半部分是以文字形式显示的类别统计结果，包括每个类别的名称、像元数、百分比，以及按类别显示的最小值、最大值、均值和标准差。

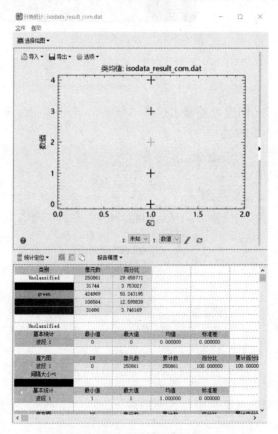

图 6-2-28　4 分类统计结果

（4）计算面积和比例。

在对话框下半部分的"统计定位"下面，找到类别，按住鼠标左键往右下角拉动，选中类别、像元数、百分比 3 列。然后点击复制按钮 ，将统计结果复制到剪贴板（图 6-2-29）。

图 6-2-29　复制分类统计结果

打开 Excel 或者 WPS 表格，新建一个空白文档，将复制的结果粘贴过去。因为 Unclassified 是背景，不参与统计，所以把这一行改为标题行，依次输入类别、像素、面积（m²）、面积（km²）、百分比。

① 计算面积（m²）：因为 Landsat 多光谱波段的一个像元数的尺寸是 30 m，面积是 900 m²，所以计算面积（m²）要用像元数乘 900。

② 计算面积（km²）：因为 1 km²=10^6 m²，所以计算面积（km²）时，要在面积（m²）的基础上，除以 10^6。

③ 计算百分比：百分比的计算要先利用表格的求和功能计算出面积之和，然后依次用各类的面积除以面积之和得到百分比。

（四）成果要求

（1）以自己组合好的多光谱数据为基础，分别进行 ISODATA 分类和 K-Means 分类。

（2）在非监督分类的结果上，进行类别的定义和子类合并。

（3）分别统计两种分类方法得到的 3 类地物的面积和比例。

（4）以文字描述加截图的方式，撰写实训报告，命名格式为"学号+姓名"，并提交到教学平台。

任务三　遥感影像监督分类

【知识点】

一、遥感影像监督分类的基本原理

（一）监督分类的概念及思想

遥感影像监督分类，又称训练分类，即用被确认类别的样本像元去识别其他未知类别像元的过程。已被确认类别的样本像元，是指那些位于训练区的像元。在这种分类中，其类别属性是预先通过对工作区影像的目视解译、实地勘察等方法确定的。

监督分类首先根据先验知识确定地物类别，并在遥感影像上为每一种地物类别选择一定数量的训练样区，构成训练样本；然后统计样本的特征参数，确定判别准则，建立判别函数。最好根据判别函数，将训练样区以外的其他像元划分到与训练样本最为相似的类别中。

（二）训练样本的选择及评价

1. 训练样本的选择

在选择训练样本之前，需要对分类影像所在区域有所了解，或进行过初步的野外调查，或研究过有关图片和高精度的航空照片。其最终选择的训练样本应能准确地代表整个区域内每个类别的光谱特征差异。训练样本的选择是监督分类的关键，因此同一类别的训练样本必须是均质的，不能包含其他类别，也不能是和其他类别之间的边界或混合像元，其大小、形状和位置必须能同时在影像和实地（或其他参考图）中容易识别和定位。

在选择训练样本时，还必须考虑每一类别训练样本的总数量。有一个普遍的规则：如果影像有 N 个波段，则每一类别至少应该有 $10N$ 个训练样本，才能满足一些分类算法中计算方差和协方差矩阵的要求。总的样本数量应根据区域异质程度而有所不同。

2. 训练样本的来源

（1）实地收集，即通过 GPS 定位而实地记录的样本。

（2）屏幕选择，即利用先验知识直接从影像中提取训练数据，该做法比较普遍合理。

3. 训练样本的评价

选择训练样本后，为了比较与评价样本好坏，需要计算各类别训练样本的基本光谱特征信息，通过每个样本的基本统计值（如均值、标准方差、最大值、最小值、方差、协方差矩阵、相关矩阵等），检查训练样本的代表性，评价样本好坏，并选择合适波段。评价训练样本的方法有图表显示和统计测量两种。

（1）图表显示：将训练样本的直方图、均值、方差、最大值及最小值绘制成线状图、散状图等，目视评价各类别训练样本的分布、离散度和相关性。

（2）统计测量：利用统计方法来定量衡量训练样本之间的分离度。

二、遥感影像监督分类的算法

遥感影像监督分类的算法有数百种，这里重点介绍 6 种主要的监督分类算法，即最大似然法、最小距离法、光谱角制图法、平行六面体法、支持向量机法和神经网络法。

（一）最大似然法

最大似然法首先假设各个训练样本在每个波段都呈正态分布，然后计算待分类像元对于已知各个类别的似然度，最后将该像元分到似然度最大的一类中。

最大似然法是根据训练样本的均值和方差来评价其他像元和训练类别之间的相似性，它可以同时定量地考虑两个以上的波段和类别，是一种广泛应用的分类器，但是这种算法的计算量较大，同时对不同类别的方差变化比较敏感。

（二）最小距离法

最小距离法是以特征空间的距离作为分类的依据，根据各个像元到训练样本平均值的距离大小决定其类别（图 6-3-1）。

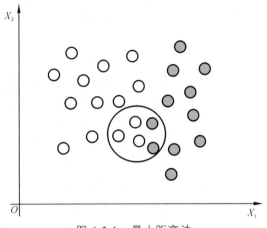

图 6-3-1　最小距离法

待分像元与训练样本平均值的距离有三种不同的算法：① 绝对值距离。② 欧氏距离：两点之间的直线距离。③ 马氏距离：一种加权的欧氏距离，既考虑了像元的离散度，也考虑了各特征变量间的相关性，比欧氏距离和绝对值距离更合理。

最小距离法是一种原理简单，应用方便的分类方法，但其在遥感分类中应用并不广泛，主要是因为此方法没有考虑不同类别内部方差的不同，从而造成一些类别在其边界上的重叠，引起分类误差。

（三）光谱角制图法

光谱角制图法，是一种以光谱向量之间的广义夹角大小来分类未知像元的监督分类方法。具体来讲，就是将实测的地物光谱或多光谱的像元点，看作是多维空间中的向量，以实测的已知地类或是从遥感影像上选择的已知像元点构成参考光谱向量，求出与影像上其他未知类别的像元光谱向量之间的广义夹角，以一定的阈值大小来确定未知像元的类别（图 6-3-2）。

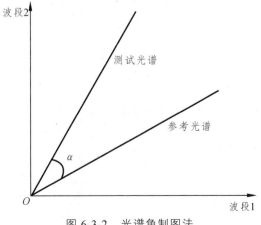

图 6-3-2　光谱角制图法

（四）平行六面体法

平行六面体法，也叫特征空间图形识别法或多级切割法。在分类过程中，根据训练样本的亮度值形成一个 n 维的平行六面体数据空间，其他像元的光谱值如果落在平行六面体中任何一个训练样本所对应的区域，就被划分到其对应的类别中。平行六面体的尺度是由标准差阈值所确定的，而该标准差阈值则是根据所选类的均值求出。

（五）支持向量机法

支持向量机法是一种建立在统计学习理论基础上的机器学习方法。该方法可以自动寻找那些对分类有较大区分能力的支持向量。由此构造出的分类器，可以将类与类之间的间隔最大化，因而有较好的推广性和较高的分类准确率。

（六）神经网络法

神经网络法，是指用计算机模拟人脑的结构，用许多小的处理单元模拟生物的神经元，用算法实现人脑的识别、记忆、思考过程，然后应用于影像分类的方法。神经网络法能够模拟人脑功能的特长，通过运用具有极高运算速度的并行计算，可以实现大量数据集的实时处理。

神经网络主要由处理单元、网络拓扑结构和训练规则组成。目前已经存在多种神经网络模型，如对向传播网络（CP）、后向传播网络（BP）、混合神经网络（HN）等。其中应用最多的后向传播网络，即 BP 网络，其组成包括输入层、隐含层和输出层，可允许多因子输入和多类别输出（图 6-3-3）。

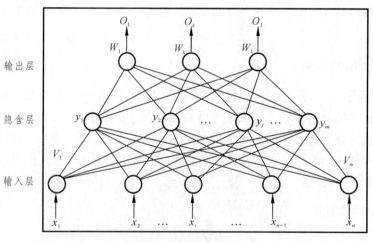

图 6-3-3　BP 网络结构

三、遥感影像监督分类的流程及特点

（一）遥感影像监督分类的流程

（1）定义分类模板。

定义分类模板包括分类模板的生成、管理和编辑等，这些操作都需要在分类模板的编辑器中完成。定义分类模板的主要作用是精确确定训练区样本。

（2）评价分类模板。

评价分类模板是以训练区样本为对象，选择监督分类算法计算分类模板的分类精度，满足精度后才进行下一步；若不满足精度，则根据计算的结果重新采样，修改分类模板，然后重新进行分类模板的评价，直到满足分类模板精度的要求。

（3）影像分类。

影像分类是按选择的监督分类算法和规则进行分类。

（4）评价分类结果。

执行了监督分类之后，需要对分类效果进行评价，有分类叠加、定义阈值、分类重编码和精度评估等方法。

（5）分类后处理。

分类后处理的过程很多，包括更改类别颜色、分类统计分析、小斑点处理（类后处理）、栅矢转换等操作。

（二）遥感影像监督分类的特点

（1）监督分类的优点：① 可根据应用目的和区域，充分利用先验知识，有选择地决定分类类别，避免出现不必要的类别。② 可控制训练样本的选择。③ 可通过反复检验训练样本，来提高分类精度，避免分类出现严重错误。④ 可避免非监督分类中对光谱集群组的重新归类。

（2）监督分类的缺点：① 监督分类系统的确定、训练样本的选择，均受人为主观因素影响较大，分析者定义的类别有可能并不是影像中存在的自然类别，导致各类别间可能出现重叠。分析者所选择的训练样本也可能并不代表影像中的真实情形。② 由于影像中同一类别的光谱差异，造成训练样本没有很好的代表性。③ 训练样本的选取和评估需花费较多的人力、时间。④ 只能识别训练样本中所定义的类别，若某类别由于训练者不知道或者其数量太少未被定义，则监督分类不能识别。

【技能点】

遥感影像监督分类

（一）技能目标

掌握遥感影像监督分类的方法和操作过程。

（二）训练内容

利用 ENVI 提供的监督分类功能，分别用最大似然法、最小距离法等分类方法，对相关的遥感影像进行监督分类，并对分类结果进行后处理，包括类别合并和统计等。

（三）操作步骤

1．准备数据

启动 ENVI 5.3，打开待分类的遥感影像，这里使用工作区的 Landsat 8 遥感影像"L8b1-8_

standard_subset.dat"（包含 7 个波段），用 B7、B5、B2 波段组合彩色显示（图 6-3-4），同时打开工作区的掩膜文件。

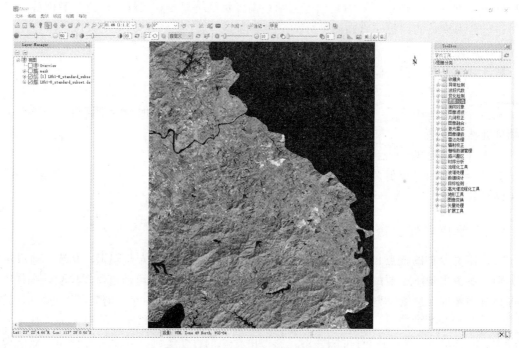

图 6-3-4　打开待分类遥感影像

2. 类别定义/特征判别

根据分类目的、遥感影像自身的特征和分类区收集的信息确定分类系统。对遥感影像进行特征判断，评价遥感影像质量，决定是否需要进行影像增强等预处理。这个过程主要是一个目视查看的过程，为后面样本的选择打下基础。

通过目视判断，可分辨三大类地物：绿地、水体、建设用地，其特征如图 6-3-5 所示。

（a）绿地

（b）水体

（c）建设用地

图 6-3-5　地物特征

3. 训练样本选择和评价

（1）打开感兴趣区（ROI）工具。

在"Layer Manager"（图层管理器）中，在待分类影像图层上点击右键，选择"新建感兴趣区域"（图 6-3-6）。

（2）选择各类地物样本。

在"感兴趣区域工具"对话框中，输入"ROI 名称"为"green"（绿地），设置颜色为绿色，几何类型为多边形（图6-3-7）。点击添加感兴趣区按钮 ，新建 2 个感兴趣区，分别命名为"water"（水体）、"build"（建设用地），设置颜色分别为蓝色和红色，几何类型均为多边形。

图 6-3-6　打开新建感兴趣区工具

图 6-3-7　设置感兴趣区工具参数

在主界面的视图窗口上，放大影像，点击鼠标左键在影像上绘制多边形，至少点击 3 个点。然后点击右键，选择"完成并接受多边形"，即可形成一个绿地样本（图6-3-8）。

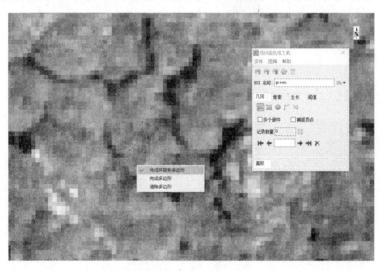

图 6-3-8　选择训练样本

同样的方法，可以在影像上的其他区域选择更多的绿地训练样本。

注意：① 样本尽量均匀分布在整个影像上，每个样本尽量不要太大，避免包含其他类型的像元。② ENVI 5.3 版本中对"ROI 名称"（感兴趣区名称）命名若用中文有可能发生软件闪退现象，所以一般建议用英文或者汉语拼音。③ 如果要对某个样本进行编辑，可将鼠标移到样本上点击右键，选择"编辑记录"（Editrecord）。"删除记录"（Deleterecord）是删除样本。④ 如果不小心关闭了感兴趣区工具面板，可在图层管理区"Layer Manager"上选择该类样本（感兴趣区），双击鼠标，重新打开。

（3）选择其他地类的样本。

依次选中 water（绿地）、build（建设用地）两类地物的感兴趣区，参考 green（绿地）地物的样本选择方法，分别为水体、建设用地 2 类地物选择训练样本（图 6-3-9、图 6-3-10）。

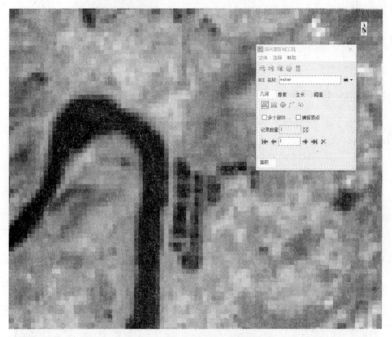

图 6-3-9　选择水体训练样本

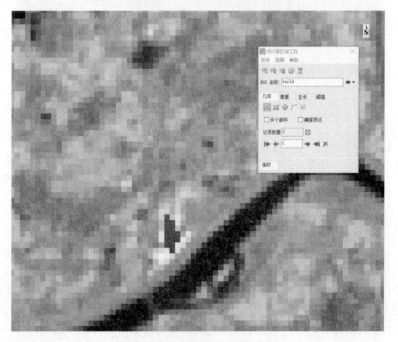

图 6-3-10　选择水体训练样本

（4）计算样本的可分离度。

在"感兴趣区域工具"面板上，依次点击"选择"→"计算 ROI 可分离度"，在"选择ROIs"面板中，将几类样本都打钩，点击"确定"（图 6-3-11）。

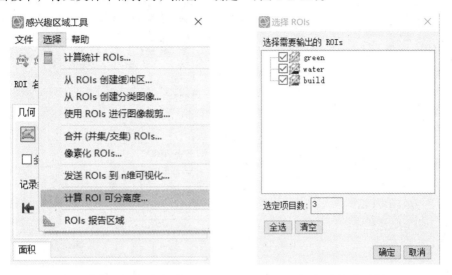

（a）打开计算可分离度工具　　　　　　　（b）选择感兴趣区

图 6-3-11　计算样本可分离度

弹出的"ROI 可分离度报告"可表示各个样本类型之间的可分离性，用"Jeffries-Matusita, Transformed Divergence"参数表示，这两个参数的值在 0～2.0（图 6-3-12）。若参数值大于 1.9，说明样本之间的可分离性好，属于合格样本；若在 1～1.9，说明可分离性欠佳，需要编辑样本或者重新选择样本；若小于 1，说明可分离性很差，考虑将两类样本合成一类样本。

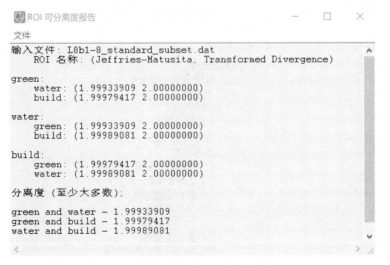

图 6-3-12　样本可分离度报告

（5）保存和导出感兴趣区。

在"感兴趣区域工具"的"文件"菜单下，可以选择"保存"，打开"保存 ROIs 为.XML"

[图6-3-13（a）]界面，也可以"另存为"，或者选择"导出"，将感兴趣区导出为"矢量"[图6-3-13（b）]或其他格式，下次可以通过打开或者导入矢量直接调用。

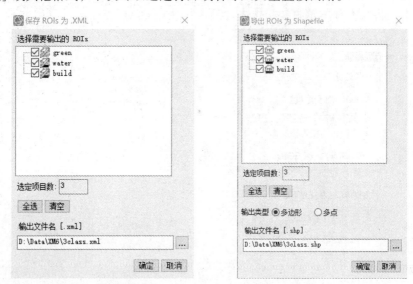

（a）保存感兴趣区　　　　　　（b）导出感兴趣区

图6-3-13　保存和导出感兴趣区

4. 执行监督分类

本书以常用的最大似然法和最小距离法为例，讲述监督分类的具体执行过程。

1）最大似然法分类

（1）打开分类功能。

在工具箱，依次点击"影像分类"→"监督分类"→"最大似然法"，即可打开最大似然法分类功能（图6-3-14）。

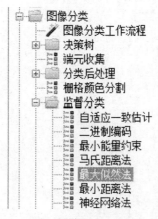

图6-3-14　打开最大似然法工具

（2）选择待分类的影像。

在"Classification Input File"对话框中，选择刚打开的遥感影像数据。为了使背景区不参与分类，需要设置工作区的掩膜区，可以打开前面非监督分类的掩膜区，如图 6-3-15 所示，点击"确定"，进入下一步。

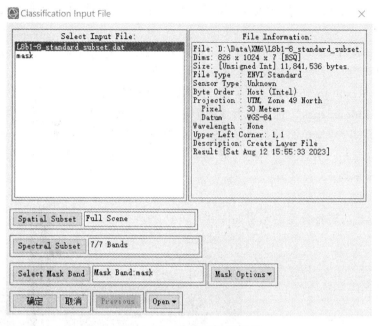

图 6-3-15　选择待分类影像

（3）参数设置。

在"Maximum Likelihood Parameters"（设置最大似然法参数）对话框中，设置最大似然法分类参数（图 6-3-16）。

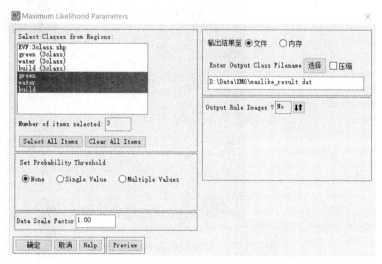

图 6-3-16　设置最大似然法分类参数

主要参数设置如下：

①"Select Classes from Regions"（从感兴趣区选择类别）：列出创建的训练样本，点击"Select AllItems"按钮可选择全部。这里选择"green""water""build" 3 个类别的训练样本。

②"Set Probability Threshold"（设置似然度的阈值）：数值范围 0～1 之间的值，似然度小于该阈值的像元不划分到该类中。"None"：不设置标准差阈值；"Single Value"：为所有训练样本设置一个似然度阈值；"Multiple Values"：分别为每类训练样本设置似然度阈值。这里选择"None"。

③"Data Scale Factor"（设置数据比例系数）：它是一个比值系数，用于将整型反射率或辐射反射率数据转换成浮点型数据。这里采用默认值。

④"Output Result to"（结果输出位置）：选择分类输出路径及文件名。

⑤"Output Rule Images"（选择输出规则影像）：点击按钮选择"Yes"或"No"。选择"Yes"，则进一步选择规则影像输出路径及文件名；选择"No"，则不保存规则影像。这里选择"No"。

设置完成后点击"Preview"（预览）按钮，可预览分类结果。若结果令人满意，则点击"确定"按钮，执行分类。

（4）执行分类。

执行最大似然法监督分类的结果如图 6-3-17 所示。

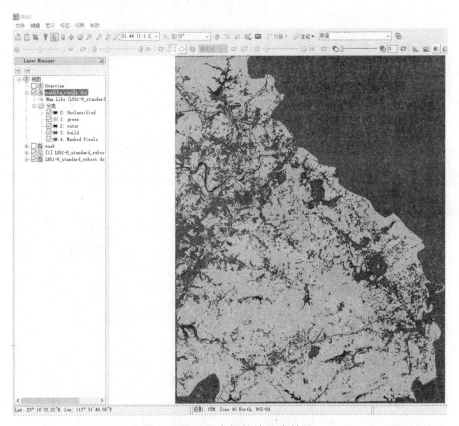

图 6-3-17　最大似然法分类结果

2）最小距离法分类

（1）打开分类功能。

在主菜单上选择依次点击"影像分类"→"监督分类"→"最小距离法"，可打开最小距离法分类功能（图 6-3-18）。

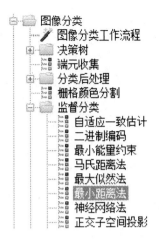

图 6-3-18　打开最小距离法分类工具

（2）选择待分类的影像。

在"Classification Input File"（设置分类输入文件）对话框中，选择待分类的影像数据。为了使背景区不参与分类，需要设置掩膜（图 6-3-19）。点击"确定"，进入下一步。

图 6-3-19　选择待分类影像

（3）参数设置。

在"Minimum Distance Parameters"对话框中，设置最小距离法分类参数（图 6-3-20）。

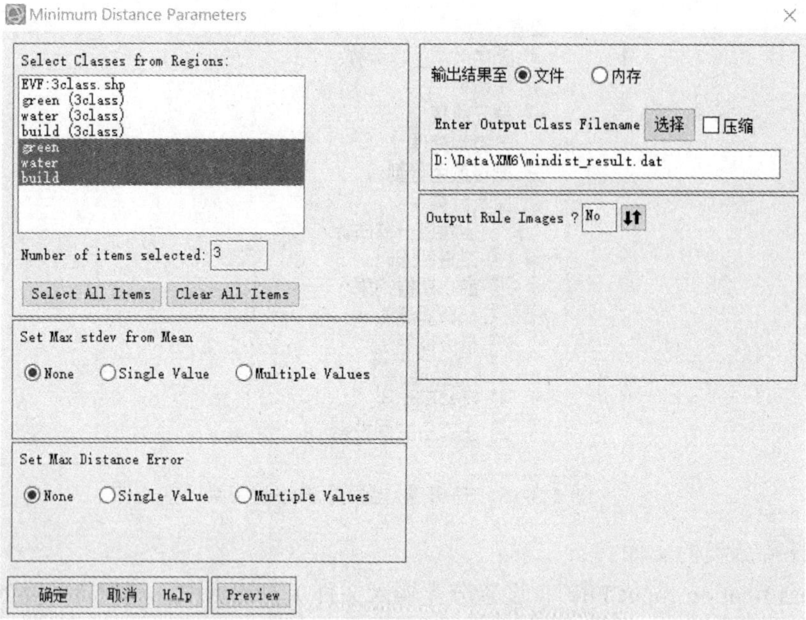

图 6-3-20　设置最小距离法分类参数

主要参数设置如下：

① "Select Classes from Regions"（从感兴趣区选择类别）：列出创建的所有训练样本。点击 "Select All Items" 按钮可选择全部。这里选择 "green""water""build" 3 个类别的训练样本。

② "Set Max stdev from Mean"（设置标准差阈值）：有 "None""Sigle value""Multiple values" 三种类型。"None"：不设置标准差阈值；"Single value"：为所有训练样本设置一个标准差阈值；"Multiple values"：分别为每类训练样本设置一个标准差阈值。这里选择 "None"。

③ "Set Max Distance Error"（设置最大距离误差）：以影像灰度值的方式输入一个值，距离大于该值的像元不被划入该类；若不满足所有类别的最大距离误差，则划分为未知类。"None"：不设置最大距离误差；"Single value"：为所有训练样本设置一个最大距离误差；"Multiple values"：分别为每类训练样本设置一个最大距离误差。这里选择 "None"。

④ "Output Result to"（输出结果路径）：选择分类输出路径及文件名。

⑤ "Output Rule Images"（输出规则影像）：点击按钮，选择 "Yes" 或 "No"。选择 "Yes"，则需要进一步选择规则影像输出路径及文件名；选择 "No"，则不保存规则影像。这里选择 "No"。

设置完成后点击 "Preview" 按钮，可预览分类结果。若结果令人满意，则可点击 "确定" 按钮，执行分类。

（4）执行分类。

最小距离法监督分类的执行结果如图 6-3-21 所示。

5. 统计各类地物的面积和比例

统计各类地物的面积和比例，方法与非监督分类结果统计类似。

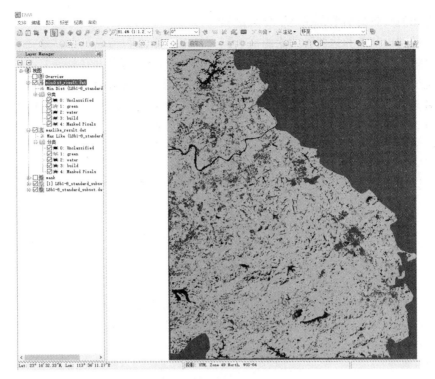

图 6-3-21 最小距离法分类结果

（四）成果要求

（1）以自己组合好的多光谱数据为基础，分别进行最大似然法分类、最小距离法分类。

（2）分别统计 2 种分类方法得到的 3 类地物的面积和比例，进行对比，分析提取的效果。

（3）以文字描述加截图的方式，撰写实训报告，命名格式为"学号+姓名"，并提交到教学平台。

任务四 遥感影像决策树分类

【知识点】

决策树分类的原理与流程

（一）基于专家知识的决策树分类原理

基于专家知识的分类系统，是模式识别与人工智能技术的产物。其基本思路是运用某个领域的专家知识和经验，建立知识库，然后根据分类目标提出假设，并且制定出支持假设的规则、条件和变量，最后利用知识库进行自动分类。

基于专家知识的遥感影像决策树分类技术，是以专家知识为基础的归纳性理论分类方法。它是按照遥感影像的光谱信息、空间关系和其余上下文关系，形成分类规则，建立决策树，从而确定像元的归属类别来完成整个分类过程。

决策树模型由节点和边两种元素组成（图 6-4-1）。节点包括根节点、分支节点和叶子节点。每个决策树只有 1 个根节点，但叶子节点不少于 2 个，可以没有分支节点。决策树每增加一级，至少增加 1 个分支节点和 2 个叶子节点。另外，在决策树中还有父节点和子节点的概念，二者是相对的。子节点由父节点根据某一规则分裂而来，然后子节点作为新的父节点可以继续分裂，直至不能分裂为止。根节点是没有父节点的节点，即初始分裂节点，叶子节点是没有子节点的节点。

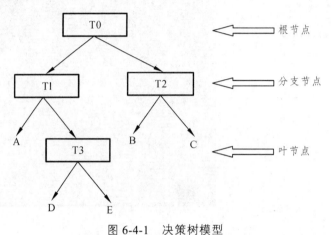

图 6-4-1　决策树模型

（二）决策树分类的流程

遥感影像决策树分类的流程：

（1）分类规则的定义：将专家知识、经验或者算法，用数学语言表达出来，形成分类规则，并转换为规则表达式。规则表达式由操作函数、变量、常量和数据类型转换符 4 部分组成。

（2）决策树的构建：将规则表达式转换为决策树模型。

（3）影像分类：执行决策树，对遥感影像进行分类。

（4）分类后处理：对分类结果进行聚类、去除等操作，以处理细碎图斑。

（5）精度评价：利用混淆矩阵或 ROC 曲线等方法评价分类精度。

（三）决策树分类的特点

决策树分类的优点：①能够生成便于人们理解分类的判别规则。②总体来说，其计算量较其他的分类方式小。③可以解决连续和种类字段。④决策树能够清晰地罗列出比较重要的部分。

决策树分类的缺点：①难以预测连续性字段。②以时间为顺序的数据，需要依靠预处理任务提取；③分类过多、过于复杂的情况，可能会产生错误的速度加快；④决策树判别规则复杂、树形分枝多导致用户难以识别、理解、应用。

（四）ENVI 决策树规则表达式

ENVI 分类规则的表达式需要符合 IDL 编程规范，主要包括操作函数、变量、数字常量和数据格式转换函数。

1. 操作函数

常用的运算符和函数见表 4-2-1。

2. 变量

变量是指一个波段或作用于数据的一个特定函数。如果为波段，需要命名为 bN，其中 N 为 1～255 中的一个数字，代表数据的某一个波段；如果为函数，则变量名必须包含在大括号中，即 {变量名}，如 {ndvi}。如果变量被赋值为多波段文件，变量名必须包含一个写在方括号中的整数，表示第几个波段，比如 {pc[1]} 表示主成分分析的第一主成分。特定的变量名见表 6-4-1。

表 6-4-1　特定变量名

变量	作用
slope	计算坡度
aspect	计算坡向
ndvi	计算归一化植被指数
tascap[n]	穗帽变换，n 表示获取的是哪一分量
pc[n]	主成分分析，n 表示获取的是哪一分量
lpc[n]	局部主成分分析，n 表示获取的是哪一分量
mnf[n]	最小噪声变换，n 表示获取的是哪一分量
lmnf[n]	局部最小噪声变换，n 表示获取的是哪一分量
stdev[n]	波段 n 的标准差
lstdev[n]	波段 n 的局部标准差
mean[n]	波段 n 的平均值
lmean[n]	波段 n 的局部平均值
min[n]、max[n]	波段 n 的最大、最小值
lmin[n]、lmax[n]	波段 n 的局部最大、最小值

3. 数据类型转换函数

IDL 中的数学运算，与使用计算器进行的简单运算是有一定差别的。每种数据类型，尤其是非浮点型的整型数据都包含一个有限的数据范围（表 6-4-2）。当一个值大于某个数据类型所能容纳的值的范围时，该值将会溢出，并从头开始计算。例如：8-bit 字节型数据表示的值仅为 0～255，如果将 8-bit 字节型数据 250 和 10 求和，则结果为 4。

表 6-4-2 数据类型转换函数

数据类型	转换函数	缩写	数据范围	Bytes/Pixel
8-bit 字节型（Byte）	byte( )	B	0～255	1
16-bit 整型（Integer）	fix( )		$-32\,768 \sim 32\,767$	2
16-bit 无符号整型（Unsigned Int）	uint( )	U	$0 \sim 65\,535$	2
32-bit 长整型（Long Integer）	long( )	L	大约±20 亿	4
32-bit 无符号长整（Unsigned Long）	ulong( )	UL	$0 \sim 4 \times 10^9$	4
32-bit 浮点型（Floating Point）	float( )	·	$\pm 1 \times 10^{38}$	4
64-bit 双精度浮点型（Double Precision）	double( )	D	$\pm 1 \times 10^{308}$	8
64-bit 整型（64-bit Integer）	long64( )	LL	大约$\pm 9 \times 10^{18}$	8
无符号 64-bit 整型（Unsigned 64-bit）	ulong64( )	ULL	$0 \sim 2 \times 10^{19}$	8
复数型（Complex）	complex( )		$\pm 1 \times 10^{38}$	8
双精度复数型（Double Complex）	dcomplex( )		$\pm 1 \times 10^{308}$	16

类似的情况经常会在波段运算中遇到，因为遥感影像通常会被存储为 8-bit 字节型或 16-bit 整型。要避免数据溢出，可以使用 IDL 中的一种数据类型转换功能对输入波段的数据类型进行转换。例如，在对 8-bit 字节型整型影像波段求和时（结果有大于 255），如果使用 IDL 函数 fix( )将数据类型转换为整型，就可以得到正确的结果。

【技能点】

遥感影像决策树分类

（一）技能目标

掌握遥感影像决策树分类的方法和操作过程。

（二）训练内容

利用 ENVI 提供的决策树分类功能，基于多光谱影像、NDVI 数据、NDWI 数据，进行决策树分类，然后对分类结果进行检查和调整，并统计各类地物的面积、比例等信息。

（三）操作步骤

1. 打开数据

本实训工作区的数据包括遥感影像数据"L8b1-8_standard_subset.dat"，归一化植被指数数据"ndvi.dat"，归一化水体指数数据"ndwi.dat"。

在 ENVI 5.3 中，依次导入以上数据，其中遥感影像数据以 B7、B5、B2 组合彩色显示（图 6-4-2）。

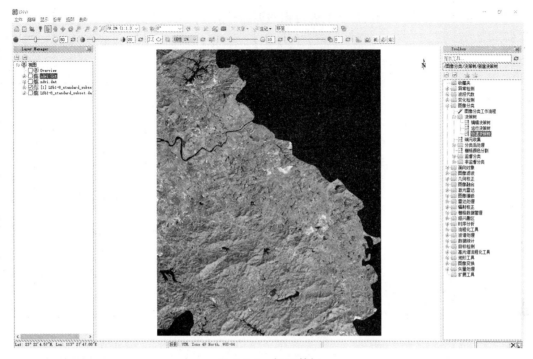

图 6-4-2　打开数据

2. 组合数据文件

利用波段组合工具，将所有数据组合到 1 个文件。按照遥感影像数据（7 个波段）、归一化植被指数数据（2 个波段）、归一化水体指数数据（2 个波段）的顺序，进行波段组合（图6-4-3），组合后的文件共有 9 个波段。

图 6-4-3　组合数据

3. 获取地物分割阈值

（1）地物训练样本统计。

在组合好的新文件"tree_data.dat"上，点击"新建感兴趣区域"，加载本项目任务三技能点"遥感影像监督分类"中保存的 3 类地物的训练样本。然后，在感兴趣区上进行快速统计（图 6-4-4）。

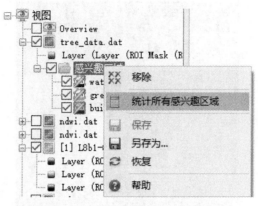

图 6-4-4　统计三类地物的分割阈值

在弹出的感兴趣区统计对话框中，依次点击查看各个波段的直方图（图 6-4-5）。

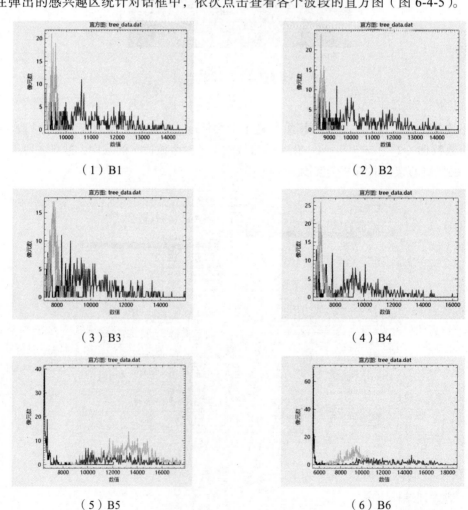

（1）B1　　　　　　　　　　　　　　　（2）B2

（3）B3　　　　　　　　　　　　　　　（4）B4

（5）B5　　　　　　　　　　　　　　　（6）B6

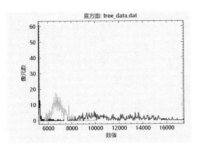

（7）B7

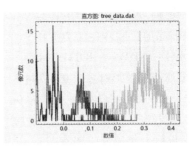

（8）NDVI

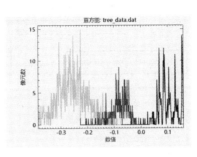

（9）NDWI

图 6-4-5　各波段直方图

从上面的直方图可以看出，B1、B2、B3、B4、B7 能够较好区分建设用地和其他两类地物，B5、B6 能够较好区分水体和其他两类地物，NDVI、NDWI 对三类地物都有明显的区分效果。

（2）计算各类地物分割阈值。

根据图 6-4-5 所示的直方图，再结合各类地物的训练样本统计值范围，可以计算各类地物之间的分割阈值，即以两类地物重叠部分的数值范围取平均值，作为这两类地物的分割阈值。

以 NDVI 为例，在直方图上可以看出绿地和其他两类地物界线明显，可以区分。三类地物的 NDVI 数值范围是：水体为 -0.098 498 ~ 0.182 640，建设用地为 0.017 015 ~ 0.273 991，绿地为 0.128 395 ~ 0.434 262。所以绿地与其他两类地物的分割阈值，取建设用地的最大值 0.273 991 与绿地的最小值 0.128 395 之和的平均值，即为 0.201 193。也就是说，NDVI 大于 0.201 193 的是绿地，小于等于 0.201 193 的是非绿地。

同样的方法，可以计算 NDWI 的阈值，从而区分水体和其他两类地物。水体与其他两类地物的分割阈值，取建设用地的最大值 -0.008 885 与水体的最小值 -0.134 604 之和的平均值，即为 -0.071 744 5。也就是说，NDWI 大于 -0.071 744 5 的是水体，小于等于 -0.071 744 5 的是非水体。

用其他波段区分三类地物，其计算阈值的方法类似。

另外，根据统计，背景区的任意波段的数值均为 0。

4. 建立决策树规则

（1）建立规则。

根据前面的阈值计算结果，结合专家知识建立如下规则：

001 绿地：NDVI＞0.201 193。

002 非绿地：NDVI≤0.201 193。

21 水体：NDWI＞-0.071 744 5。

22 非水体：NDWI≤-0.071 744 5。

221 背景：B1～B7 任何一个为 0。

222 建设用地：B1～B7 每一个均不为 0。

（2）设计分类流程（图 6-4-6）。

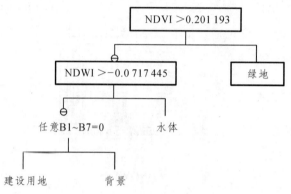

图 6-4-6　决策树分类流程

5. 构建决策树并进行分类

（1）新建决策树。

打开新建决策树工具，依次点击"工具箱"→"影像分类"→"决策树"→"新建决策树"，默认显示一个节点和两个类别（图 6-4-7）。

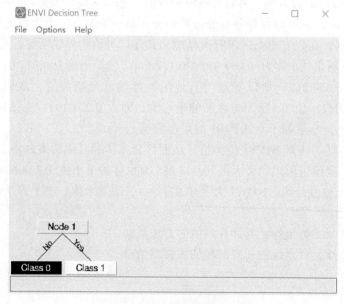

图 6-4-7　新建决策树

（2）设置决策树参数。

第一步，是按照 NDVI 来区分绿地与非绿地。

① 修改根节点参数。

点击根节点"Node 1"，在弹出的对话框内输入节点名"Name"和表达式"Expression"（节点的名字不能是中文，表达式要符合 IDL 规范）。因为 NDVI 在组合文件中是第 8 波段，所以表达式中用"b8"代表 NDVI。这里节点名称为"isGreen"，条件表达式为"b8gt0.201193"（图 6-4-8）。

图 6-4-8　设置节点参数

点击"确定"后，在弹出的波段匹配"Variable/File Pairings"对话框中需要为"{b8}"指定一个数据源。点击面板中"{b8}"，选择组合文件中的 NDVI 波段即可（图 6-4-9）。

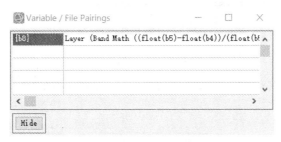

图 6-4-9　匹配波段

② 修改子节点参数。

点击"Class 1"子节点，修改名称为"green"，颜色为绿色（图 6-4-10）。

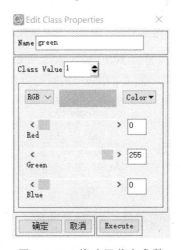

图 6-4-10　修改子节点参数

至此，第一级决策树就构建完成（图 6-4-11）。

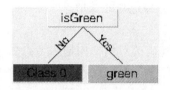

图 6-4-11　一级决策树

如果点击执行"Execute"，即可将绿地和非绿地分离出来。还可以将分类的结果与原始的遥感影像对比，判断分类的精度。如果觉得绿地面积过大，可以将阈值适当调大，修改表达式并重新执行分类；反之，则将阈值调小。这里不点击执行，继续构建决策树。

（3）添加叶子节点。

第二步，利用 NDWI 分离水体和非水体。首先，在"Class 0"上面点击右键，选择添加子节点"Add Children"功能（图 6-4-12）。

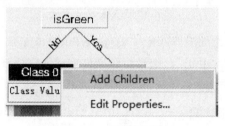

图 6-4-12　添加子节点

点击子节点，输入名称为"isWater"、表达式为"b9 gt -0.071744"（图 6-4-13）。

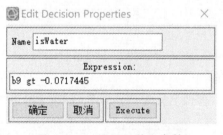

图 6-4-13　设置子节点参数

点击"确定"，选择 b9 对应波段为 NDWI。修改水体子节点的名称为"water"，颜色为蓝色。至此，第二级决策树构建完成（图 6-4-14）。如果点击执行，可以进一步分离出水体。

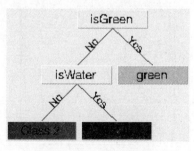

图 6-4-14　二级决策树

（4）完成构建决策树。

按照上面的方法，在"Class 2"继续添加子节点，修改该父节点名称为"isBackground"，表达式为"b1eq0"。修改左边子节点名称为"build"，颜色为红色，右边子节点名称为"Background"，颜色为白色。至此，完成整个决策树的构建（图6-4-15）。

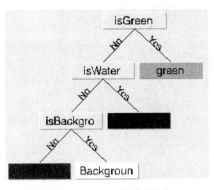

图 6-4-15　完整决策树

6. 保存决策树

在决策树窗口，打开文件下的"Save Tree"功能。在弹出的对话框中，选择路径和名称，点击"确定"保存决策树（图6-4-16）。保存好的决策树，下次可以通过"Restore Tree"重新打开。

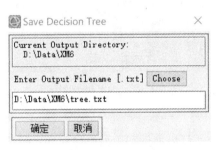

图 6-4-16　保存决策树

7. 执行决策树

在决策树窗口的"Option"菜单下，点击执行"Execute"。在弹出的对话框设置输出路径和文件名，点击"确定"，即可执行决策树（图6-4-17）。

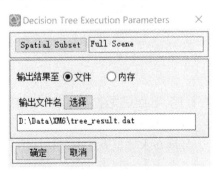

图 6-4-17　设置输出结果

分类结果如图 6-4-18 所示。

图 6-4-18　决策树分类结果

8. 分类结果的检查与调整

在主界面，打开决策树分类结果文件和原始影像对比（彩色显示）。关掉其他的类别，通过调整不透明度或者卷帘，对比某一类结果与原始影像，如果结果有问题，则调整阈值，然后重新运行决策树。

也可以在每一步决策树生成结果后，立即与原始影像进行对比，调整阈值，这样会更加准确。

9. 结果统计

决策树分类的结果统计与非监督分类的结果统计方法类似。

（四）成果要求

（1）以多光谱数据、NDVI 数据、NDWI 数据为基础，利用决策树分类功能，按照上述步骤进行分类。

（2）在上述分类的基础上，分别在水体下添加河流、湖泊、养殖水域 3 个子类，在建设用地下添加建成区域和在建区域 2 个子类，利用 NDVI、NDWI、b1 ~ b7 中合适波段的差异，尝试进一步细分。

（3）统计上面第（1）、（2）种分类得到的各类地物的面积和比例，并将建设用地、绿地、水体的总面积和比例与监督分类、非监督分类的结果进行对比，评价三种方法的分类效果。

（4）将以文字描述加截图的方式，撰写实训报告，命名格式为"学号+姓名"，并提交到教学平台。

任务五　遥感影像分类后处理

【知识点】

遥感影像分类后处理的原理与方法

遥感影像分类后处理，主要是为了解决遥感影像分类后出现的细碎图斑、类别数量过多等问题，从而使分类影像达到最终的应用要求。

（一）细碎图斑处理

对于分类结果中的细碎图斑，可以采用聚类统计、过滤分析、剔除分析、最大值/最小值分析等方法进行处理。其基本思想一般都是给每个类规定一个应该保留的最小连片像素数，然后将小于此数的孤立像素合并到与其相邻或包围它的较大的连片像素类中，一般遵循"少数服从多数"的原则。

1. 聚类分析（Clump）

聚类分析方法是运用形态学算子，将相邻的类似分类区域聚类并合并。由于分类影像经常缺少空间连续性（存在斑点或者洞），所以首先将被选的分类用一个扩大操作进行合并，然后用参数对话框中指定大小的变换核对分类影像进行侵蚀操作。

2. 过滤分析（Sieve）

过滤分析方法主要是通过斑点分组的方法，来消除被隔离的像元，即解决分类影像中出现的孤岛问题。首先通过分析周围的4个或8个像元，判定一个像元是否与周围的像元相同。如果一组中被分析的像元数少于输入的阈值，则这些像元会从该类被删除，并被归为未分类像元。

3. 剔除分析（Eliminate）

剔除分析用于删除原始分类影像中的小图斑或聚类影像中的小聚类类组，将删除的小图斑合并到相邻的最大分类当中。如果输入影像是聚类影像，可经过剔除分析处理后，将小类图斑的属性值自动恢复为聚类分析前的原始分类编码。

4. 主要分析/次要分析（Majority/Minority）

主要分析/次要分析采用类似于卷积滤波的方法对原始分类影像进行处理。其中，主要分析是将较大类别中的虚假像元归到该类中，定义一个变换核尺寸，用变换核中占主导地位（像元数量最多）的像元类别代替中心像元的类别。次要分析，则用变换核中占次要地位的像元类别代替中心像元的类别。

（二）类别合并

将多个小的原始类别，合并为一个大的类别，重新设置新的大类的编码和颜色，并删除原来的小类别。

（三）分类统计

基于分类结果计算相关输入遥感影像的统计信息。其中基本统计包括类别中的像元数、最小值、最大值、平均值以及类别中各个波段的标准差等，包括直方图统计、协方差矩阵统计、相关系数矩阵、特征值和特征向量分析等。

（四）栅矢转换

将分类结果影像转换为矢量文件，既可以将特定的类别单独转换为矢量，也可以将所有的类别同时转换为矢量。通常将每个类别保存为一个独立的矢量文件，用不同的文件名或者编号区分。

【技能点】

遥感影像分类后处理

（一）技能目标

掌握遥感影像分类后处理的主要方法和操作过程。

（二）训练内容

利用 ENVI 分类后处理功能，对遥感影像分类结果进行分类后处理，包括聚类分析、过滤分析和最大值/最小值分析等，以将遥感影像分类结果或者后处理结果转换为矢量。

（三）操作步骤

1. 准备数据

首先打开非监督分类、监督分类、决策树分类或者通过密度分割提取的分类结果。这里以监督分类的最大似然法分类结果作为原始分类结果（图6-5-1）。

2. 聚类分析

（1）打开聚类工具。

在工具箱中，依次选择"影像分类"→"分类后处理"→"聚类处理"，打开聚类分析工具（图6-5-2）。

（2）选择待处理的分类结果。

在"数据选择"对话框中，选择待处理的分类结果（图6-5-3）。

图 6-5-1　最大似然法分类结果

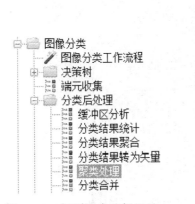

图 6-5-2　打开聚类分析工具

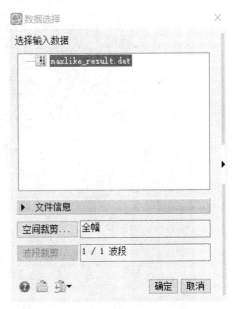

图 6-5-3　选择待处理分类结果文件

（3）设置聚类分析参数。

在聚类参数设置"Classification Clumping"对话框中，设置形态学算子、输出文件名和路径（图 6-5-4）。形态学算子可以调节为任意奇数，设置越大，图斑处理越明显。这里都使用默认参数。

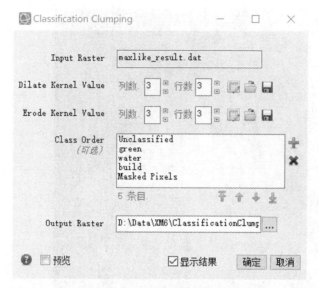

图 6-5-4　设置聚类分析参数

（4）检查结果。

可以通过利用双视图连接工具、Portal 工具、卷帘工具等，对比处理前后的效果。双视图对比发现，经过聚类分析，很多细碎图斑都被合并了（图 6-5-5）。

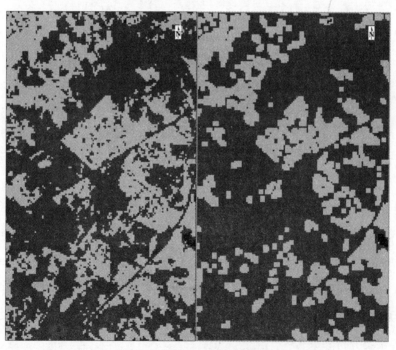

图 6-5-5　聚类分析结果对比

（5）统计结果对比分析。

利用快速统计功能，分别对最大似然法分类结果（原始分类结果）与聚类分析结果进行统计，比较两个影像中各类地物的像素数量和比例，查看变化情况（图 6-5-6）。

基本统计	最小值	最大值	均值	标准差
波段 1	1	4	2.290778	1.339701

直方图	DN	像元数	累计数	百分比	累计百分比
波段 1 间隔大小=1	1	420964	420964	49.769692	49.769692
	2	8810	429774	1.041588	50.811280
	3	165189	594963	19.529949	70.341229
	4	250861	845824	29.658771	100.000000

基本统计	最小值	最大值	均值	标准差
波段 1	0	4	2.352473	1.325745

直方图	DN	像元数	累计数	百分比	累计百分比
波段 1 间隔大小=1	0	3696	3696	0.436970	0.436970
	1	388522	392218	45.934142	46.371113
	2	6738	398956	0.796620	47.167732
	3	199692	598648	23.609167	70.776899
	4	247176	845824	29.223101	100.000000

（a）最大似然法分类结果统计　　　　　　（b）聚类分析处理结果统计

图 6-5-6　聚类分析统计结果对比

3. 过滤处理

（1）打开过滤工具。

在工具箱中选择"影像分类"→"分类后处理"→"过滤处理"，打开过滤处理工具。

（2）选择待处理的分类结果。

在文件选择对话框中，可以选择刚才聚类分析结果或者最大似然法分类结果。这里选择最大似然法分类结果。

（3）设置参数。

在参数设置对话框中，选择"Class Order"中的所有类别，"Pixel Connectivity"设置为 4 邻域或 8 邻域，调节最小保留尺寸"Minimum Size"，调整平滑效果，设置 2 ~ 5 都可以（图 6-5-7）。这里使用默认参数。

图 6-5-7　设置过滤参数

（4）检查结果。

可以通过利用双视图连接工具、Portal 工具、卷帘工具等，对比处理前后的效果。通过双视图对比，可以发现小于 2 个像素的图斑被过滤了，填充为背景色（图 6-5-8）。

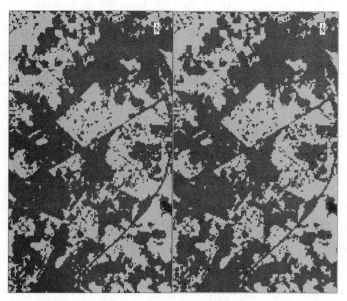

图 6-5-8 过滤处理结果对比

（5）统计结果对比分析。

利用快速统计功能，统计最大似然分析结果与过滤分析结果，比较两者中各类地物的像素数量和比例（图 6-5-9）。

基本统计	最小值	最大值	均值	标准差
波段 1	1	4	2.290778	1.339701

直方图	DN	像元数	累计数	百分比	累计百分比
波段 1	1	420964	420964	49.769692	49.769692
间隔最大小=1	2	8810	429774	1.041588	50.811280
	3	165189	594963	19.529949	70.341229
	4	250861	845824	29.658771	100.000000

基本统计	最小值	最大值	均值	标准差
波段 1	0	4	2.266558	1.347975

直方图	DN	像元数	累计数	百分比	累计百分比
波段 1	0	6052	6052	0.715515	0.715515
间隔最大小=1	1	420442	426494	49.707977	50.423492
	2	8489	434983	1.003637	51.427129
	3	163675	598658	19.350952	70.778081
	4	247166	845824	29.221919	100.000000

（a）最大似然法分类结果统计　　　　　　　　（b）过滤分析处理结果统计

图 6-5-9　过滤分析统计结果对比

4. 最大值/最小值分析

（1）打开最大值/最小值分析工具。

在工具箱中，依次选择"影像分类"→"分类后处理"→"最大值/最小值分析"，打开最大值/最小值分析工具。

（2）选择原始分类结果。

在数据选择对话框中，选择原始分类结果。

注意：点击确定后，有时候会弹出错误，提示输入文件不是分类结果。此时，需要到数据管理器中，删除原始分类结果后重新打开，或者是重启软件重新打开。

（3）设置参数。

在参数设置"Majority/Minority Parameters"对话框中，选择所有类别，设置分析方法、形态学算子、输出文件名和路径，分别选择"Majority"和"Minority"两种方法。最大值和最小值分析的参数设置如图 6-5-10 所示。

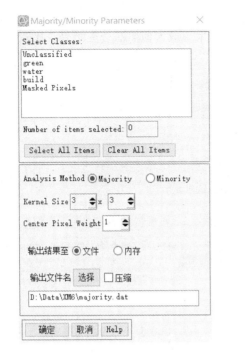

（a）最大值分析　　　　　　　　（b）最小值分析

图 6-5-10　最大值/最小值分析参数设置

（4）检查结果。

可以通过利用多视图连接工具、Portal 工具、卷帘工具等，对比处理前后的效果。由三视图对比发现，最大值分析后，很多细碎图斑被合并了；而最小值分析后，出现了很多条带状、环形的图斑（图 6-5-11）。

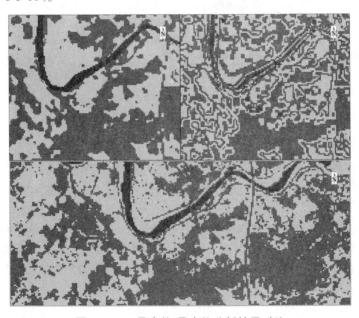

图 6-5-11　最大值/最小值分析结果对比

（5）统计结果对比分析。

利用快速统计功能，统计最大值/最小值分析结果与最大似然法分类结果，比较三者中各类地物的像素数量和比例（图 6-5-12）。

基本统计	最小值	最大值	均值	标准差
波段 1	1	4	2.290778	1.339701

直方图	DN	像元数	累计数	百分比	累计百分比
波段 1	1	420964	420964	49.769692	49.769692
间隔大小=1	2	8810	429774	1.041588	50.811280
	3	165189	594963	19.529949	70.341229
	4	250861	845824	29.658771	100.000000

（a）最大似然法分类结果统计

基本统计	最小值	最大值	均值	标准差
波段 1	1	4	2.271707	1.344235

直方图	DN	像元数	累计数	百分比	累计百分比
波段 1	1	429584	429584	50.788817	50.788817
间隔大小=1	2	7757	437341	0.917094	51.705910
	3	157566	594907	18.628698	70.334609
	4	250917	845824	29.665391	100.000000

基本统计	最小值	最大值	均值	标准差
波段 1	1	4	2.370222	1.316895

直方图	DN	像元数	累计数	百分比	累计百分比
波段 1	1	384863	384863	45.501546	45.501546
间隔大小=1	2	12905	397768	1.525731	47.027278
	3	198106	595874	23.421657	70.448935
	4	249950	845824	29.551065	100.000000

（b）最大值分析结果统计　　　　　　　　（c）最小值分析结果统计

图 6-5-12　最大值/最小值分析统计结果对比

5. 分类结果转矢量

（1）打开转换工具。

在工具箱中，依次选择"影像分类"→"分类后处理"→"分类结果转矢量"，打开分类结果转矢量工具。或者在"矢量处理"下打开"栅格转矢量"工具（图 6-5-13）。

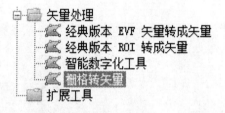

图 6-5-13　打开栅格转矢量工具

（2）选择要转换的分类结果。

在文件选择对话框中，可以选原始的分类结果，也可以选择聚类分析等结果。这里选择最大值分析的结果。

（3）设置参数。

在参数设置"Raster To Vector Parameters"对话框中，首先选择将所有的类别或者其中的某个类别进行转出。如果选择多个类别，可以全部转换到同一个矢量，也可以每个类别转换为一个单独的矢量文件。然后设置输出文件名和路径。这里选择将三个地物类别全部转出，保存到同一个文件中（图 6-5-14）。

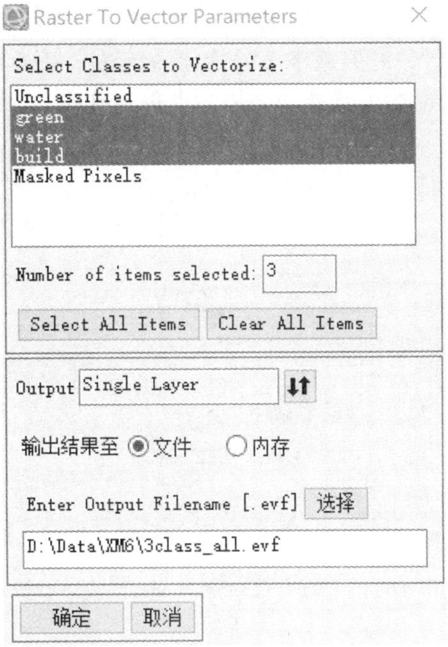

Raster To Vector Parameters ✕

Select Classes to Vectorize:

```
Unclassified
green
water
build
Masked Pixels
```

Number of items selected: 3

[Select All Items] [Clear All Items]

Output [Single Layer] ↕

输出结果至 ⊙文件 ○内存

Enter Output Filename [.evf] [选择]

[D:\Data\XM6\3class_all.evf]

[确定] [取消]

图 6-5-14　设置栅格转矢量参数

（4）检查转出结果。

转出的结果保存在文件夹中，需要自己打开。将工作区的原始影像打开，并显示为彩色，然后将转出的矢量文件叠加到上面，结果如图 6-5-15 所示。

图 6-5-15　转出矢量文件叠加显示

（5）".EVF" 文件转换为 ".shp" 文件。

在矢量处理工具下，打开 "经典版本 EVF 转换为矢量" 工具，然后选择待转出的 ".EVF" 文件。在弹出的对话框中设置输出路径和名称，点击 "确定"，即可进行转出（图 6-5-16）。转出的 ".shp" 文件，可以到 ArcMap 进行遥感专题制图。

注意：名字尽量不跟待转出的 EVF 相同。

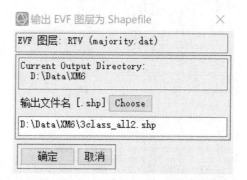

图 6-5-16 ".EVF" 文件转 ".shp" 文件参数设置

（四）成果要求

（1）将分类好的文件，分别进行聚类分析，过滤分析，最大值/最小值分析。

（2）分别统计 4 种分析后，3 类地物的面积变化情况。

（3）以最大值分析的结果为基本数据，将其中绿地、水体、建设用地三类地物全部转出为 ".EVF" 矢量文件（放到同一图层），然后再转换为 ".shp" 文件。

（4）以文字描述加截图的方式，撰写实训报告，提交到教学平台。

任务六　遥感影像精度评价

【知识点】

一、误差的来源及特点

（一）误差的概念及来源

任何一种遥感影像的分类方法，都会产生不同程度的误差。分类误差主要有两种类型：① 位置误差，也就是各类别的边界不准确。② 属性误差，即类别识别错误。

遥感影像分类误差的来源很多，包括遥感成像过程、影像处理过程、分类过程、地表特征和影像本身特征等，都可能产生不同程度和不同类型的误差。具体如下：

（1）遥感成像过程产生的误差：① 遥感平台翻滚、俯仰和偏航等姿态不稳定，造成影像的几何畸变（图 6-6-1）。② 传感器本身的性能和工作状态，造成几何畸变和辐射畸变。③ 大气中的雾霾、灰尘等杂质，造成影像的辐射误差。④ 地形起伏，造成影像中产生像点位移，并产生几何畸变。⑤ 坡度影响地表接收辐射和反射的水平，造成辐射误差。

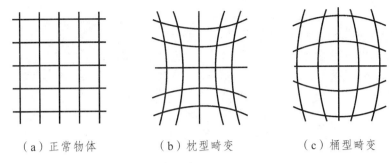

| （a）正常物体 | （b）枕型畸变 | （c）桶型畸变 |

图 6-6-1　遥感影像几何畸变的主要类型

（2）遥感影像处理过程产生的误差：① 分类预处理（辐射校正、几何校正、影像镶嵌和裁剪等）过程中，由于模型不完善或连接点选取不准确等人为因素，影像中残留着几何畸变和辐射畸变。② 几何校正中像元亮度的重采样会造成信息丢失，对分类结果产生一定的影响。

（3）地表特征产生的误差：① 地表类别复杂、破碎，容易产生较大的分类误差。② 地物各类别的差异性和对比度，也会影响分类结果。

（4）遥感影像分类过程产生的误差：① 分类方法、参数的选择差异。② 训练样本的选择准确性。③ 分类系统与数据资料的匹配程度。

（5）遥感影像本身特征产生的误差：① 空间分辨率高低。② 光谱分辨率高低。③ 辐射分辨率高低。

（二）误差的特点

（1）遥感影像的分类误差是一种综合性的误差，很难区分具体来自哪个环节。

（2）遥感影像的分类误差在影像中并不是随机分布的，而是与某些地物类别的分布相关联，呈现出一定的系统性和规律性。

二、精度评价的方法

（一）精度评价的概念

遥感影像分类精度的评价，是将分类结果与检验数据进行比较，以得到分类效果的过程。

遥感影像精度评价使用的检验数据，有实地调查数据和参考影像两种来源。在实际工作中，往往以参考影像为主，实地调查数据为辅。其中，参考影像包括：① 分类的训练样本。② 更高分辨率的遥感影像或其目视解译结果。③ 较高比例尺的地形图或专题地图等。

遥感影像精度评价一般通过采样的方法完成，也就是从检验数据中选择一定数量的样本，通过样本与分类结果的符合程度，确定分类的准确度。

（二）评价样本的选择

1. 采样方法

采用什么方法从检验数据中选择什么样的评价样本，要根据具体的研究目标来确定。常用的方法包括简单随机采样、分层采样和系统采样等（图 6-6-2）。

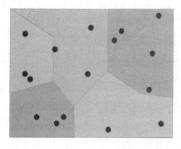 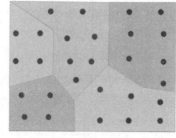 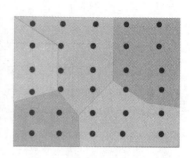

（a）简单随机采样　　　　　　（b）分层采样　　　　　　（c）系统采样

图 6-6-2　采样方法

（1）简单随机采样：在分类结果影像上随机选择一定数量的像元作为样本，然后比较这些样本的类别与对应检验数据之间的一致性。该方法适用于研究区域的各种地物类别分布均匀，且面积差异不大的情况。

（2）分层采样：分别对每个类别进行随机采样。分层可以按照地理区、自然生态区、行政区划分或者是按分类后的类别划分。该方法可以克服简单随机采样的不足，保证采样空间或者类型选取上的均匀性及代表性，使每个类别都能在采样中出现，是最常用的一种评价样本的选择方法。

（3）系统采样：按照某种确定的间隔或者规则进行采样。该方法简单易行，但是由于其固有的周期性或者规则的间隔性，可能造成某些类别的样本均值偏差较大，从而导致精度评价结果不准确。

2. 确定样本数量

样本数量是指样本必须达到的最少数目，是保证样本具有重复代表性的前提。样本数量可以通过百分率、基于多项式分布等方法来计算。

百分率样本数量计算方法为

$$N = \frac{Z^2 p(100 - p)}{E^2} \tag{6.6.1}$$

式中，N 为样本数；Z 为标准误差的置信水平，一般取 2，表示 1.96 的标准正态误差和 95%的双侧置信度；p 为评价结果的期望百分比精度；E 为容许误差（一般不超过 15%）。

（三）混淆矩阵与精度指标

1. 混淆矩阵

混淆矩阵也称误差矩阵，是表示遥感影像分类精度评价的一种标准格式。它是一个 n 行 n 列的矩阵，一般用表 6-6-1 表示。表中 n 为类别数量，p 为样本总数，p_{ij} 为分类数据类型中第 i 类和参考影像中第 j 类所占的组成成分。

$p_{i+} + \sum\limits_{j=1}^{n} p_{ij}$ 为分类所得到的第 i 类的总和；$p_{+j} + \sum\limits_{i=1}^{n} p_{ij}$ 为检验数据中第 j 类的总和。

表 6-6-1　混淆矩阵的基本形式

项目		分类数据类型				
		1	2	⋯	n	总和
检验数据类型	1	p_{11}	p_{21}	⋯	p_{n1}	p_{+1}
	2	p_{12}	p_{22}	⋯	p_{n2}	p_{+2}
	⋯	⋯	⋯	⋯	⋯	⋯
	n	p_{1n}	p_{2n}	⋯	p_{nn}	p_{+n}
	总和	p_{1+}	p_{2+}	⋯	p_{n+}	p

2. 基本精度评价指标

基于混淆矩阵有总体精度、用户精度、制图精度、错分误差和漏分误差 5 种基本的精度评价指标，均用百分比表示。

（1）总体精度：表示对每一个随机样本，所分类的结果与检验数据类型相一致的概率，其按式（6.6.2）计算：

$$p_c = \sum_{k=1}^{n} P_{kk} / P \qquad (6.6.2)$$

式中，p_c 为总体分类精度；P_{kk} 为某一类地物的正确分类的像元数；P 为影像的全部像元总数。

（2）用户精度：指的是从分类结果中任意选取一个随机样本，其所属的类型与地物实际类型相一致的条件概率。对应第 i 类，其用户精度按式（6.6.3）计算：

$$p_{ui} = p_{ii} / p_{i+} \qquad (6.6.3)$$

式中，p_{ui} 为第 i 类地物的用户精度；p_{ii} 为第 i 类的正确分类的像元数；p_{i+} 为第 i 类地物的实际像元总数。

（3）制图精度：指的是从检验数据中任意选取一个随机样本，分类影像同一个地点的分类结果与其相一致的条件概率。对应第 j 类，其制图精度按式（6.6.4）计算：

$$p_{Aj} = p_{jj} / p_{+j} \qquad (6.6.4)$$

式中，p_{Aj} 为第 j 类地物的用户精度；p_{jj} 为第 j 类的检验数据与分类结果一致的像元数；p_{+j} 为第 j 类地物的分类结果像元总数。

（4）错分误差：对于分类影像上的某一类型，它与参考影像类型不同概率，即分类影像中被划分为某一类地物的像元，实际上有多少应该是别的类别的比例。它与用户精度对应，从检验数据达到角度来判断各类别分类的可靠性。

（5）漏分误差：对于参考影像上的某一类型，被错分为其他不同类型的概率，即实际的某一类地物有多少被错误地分到其他类别的比例。它与制图精度对应，可用于判断分类方法的优劣。

（四）Kappa 分析

Kappa 系数是一种对遥感影像的分类精度和误差矩阵进行评价的多元离散方法，该方法摒弃了基于正态分布的统计方法，认为遥感数据是离散的、呈多项式分布的。在统计过程中，总体精度只考虑了矩阵对角线方向上被准确分类的像元数，而 Kappa 系数则同时考虑了矩阵中对角线以外的各种漏分和错分像元，因而更具有实用性。Kappa 系数可按式（6.6.5）计算：

$$Kappa = \frac{N\sum_{i=1}^{n}x_{ii} - \sum_{i=1}^{n}x_{i+}x_{+i}}{N^2 - \sum_{i=1}^{n}x_{i+}x_{+i}} \qquad (6.6.5)$$

式中，N 为所有样本的总数；n 为矩阵行列数，一般等于分类的类别数；x_{ii} 为位于第 i 行、第 i 列的样本数，即被正确分类的像元数；x_{i+} 和 x_{+i} 分别为第 i 行、第 i 列的总像元数。

Kappa 系数与总体精度往往并不一致，其值在 0～1。当 Kappa 系数大于 0.8 时，表示分类数据和检验数据一致性较高，即分类精度较高；当 Kappa 系数介于 0.4～0.8 时，表示分类精度一般；当 Kappa 系数小于 0.4 时，表示分类精度较差。

【技能点】

基于混淆矩阵的遥感影像精度评价

（一）技能目标

掌握利用混淆矩阵进行遥感影像分类精度评价的方法和流程。

（二）训练内容

以遥感影像监督分类的结果，分别采用地表真实分类影像、地表真实感兴趣区两种方式，通过混淆矩阵进行分类精度评价。

（三）操作步骤

分类精度评价主要有混合矩阵、ROC 曲线两种方式。其中混合矩阵是以数据的形式表示分类的精度，而 ROC 曲线则用线条来表示精度。

1. 准备数据

首先打开非监督分类、监督分类或者通过密度分割提取的分类结果。这里先打开监督分类的最大似然法的分类结果，作为待评价的影像，类别为绿地、水体和建设用地 3 类。

2. 使用真实影像（参考分类结果）进行精度评价

（1）打开参考分类结果。

这里以决策树分类结果作为参考分类结果文件。注意类别要与待评价影像一致，类别为绿地、水体和建设用地 3 类。

（2）打开混淆矩阵工具。

依次点击"影像分类"→"分类后处理"→"混淆矩阵"→"使用地面真实影像进行混淆矩阵分析"。

（3）选择待评价分类结果。

选择最大似然法作为待评价的分类结果（图 6-6-3）。

图 6-6-3　选择待评价影像

（4）选择参考影像。

在"Ground Truth Input File"（选择地面真实影像）窗口中，选择要作为检验标准的参考影像，这里选择决策树分类的结果"tree_result.dat"（图 6-6-4）。

图 6-6-4　选择参考影像

（5）设置类别匹配关系。

在"Match Classes Parameters"（设置类别匹配参数）窗口中，设置类别匹配参数（图 6-6-5）。如果两幅影像的各类名称一样，则会自动匹配；若不一致，可手动匹配，然后点"Add Combination"（添加组合）添加。这里只匹配绿地、水体和建设用地三类，未分类的类别和背景区不进行匹配。

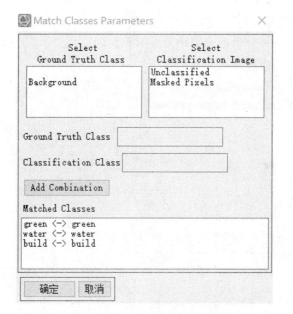

图 6-6-5　设置类别匹配参数

（6）设置评价结果保存参数。

在"Confusion Matrix Parameters"（混淆矩阵参数）窗口中，选择精度评价的结果表示形式以及错分影像的存储名称和路径（图 6-6-6）。这里选择 No（否），不保存错分影像。

图 6-6-6　设置评价结果保存参数

（7）显示评价结果。

评价结果混淆矩阵报告以单独窗口显示（图 6-6-7）。从图中可以看到，总体分类精度为 Kappa 系数，以及各个类别的系统精度、用户精度、错分误差、漏分误差。

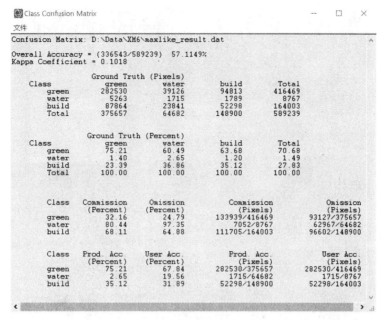

图 6-6-7 分类结果评价报告

（8）输出结果文档。

在"Class Confusion Matrix"对话框中，点击"文件"菜单，选择"保存文本为 ASCⅡ"，然后在"Output Report Filename"对话框中设置保存路径，即可保存为文本（图 6-6-8）。用写字板可以打开文件查看保存结果。

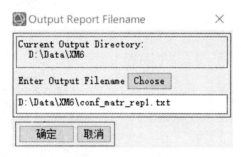

图 6-6-8 保存结果文档

3. 对验证样本进行评价

（1）打开原始遥感影像。

打开待评价监督分类结果对应的遥感影像，并以 B7、B5、B2 波段组合彩色显示。

（2）选择评价样本。

使用感兴趣区域工具，在被分类的原始遥感影像上，再次对三类地物进行一次样本选择，将其作为评价样本（图 6-6-9）。这次对感兴趣区域的选择尽量只选择纯净像元，或者在跟原影像同一区域范围的高精度影像上进行感兴趣区域的选取。选择的原则跟分类的原则类似。注意类别名称与待评价的分类结果名称要一致。

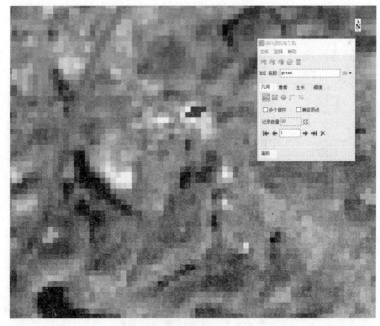

图 6-6-9　选择评价样本

（3）打开精度评价工具。

依次点击"影像分类"→"分类后处理"→"混淆矩阵"→"使用地面真实感兴趣区进行混淆矩阵分析"，打开评价工具。

（4）选择待评价的分类结果。

在"Classification Input File"（选择分类输入文件）中，选中将要进行精度评价的最大似然法分类结果（图 6-6-10）。

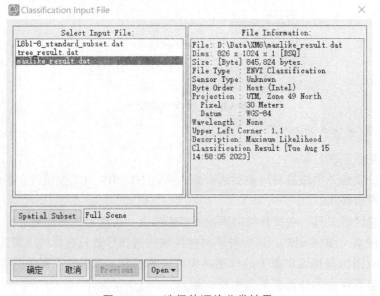

图 6-6-10　选择待评价分类结果

（5）设置类别匹配关系。

在"Match Classes Parameters"（匹配类别参数）窗口中，设置类别匹配参数（图 6-6-11）。如果两套分类中的各类名称一样，则自动匹配；若不一致，需要手动匹配，然后点"Add Combination"（添加组合）添加到类别匹配列表。

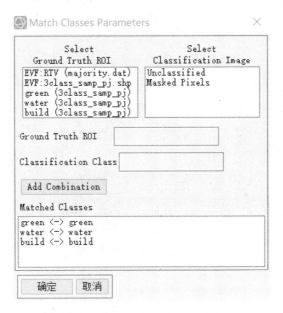

图 6-6-11　设置类别匹配参数

（6）设置输出结果参数。

在"Confusion Matrix Parameters"（混淆矩阵参数）窗口中，设置精度评价结果的输出表达形式等参数（图 6-6-12）。

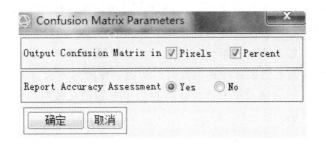

图 6-6-12　设置评价结果表达参数

（7）显示精度评价结果。

评价混淆矩阵报告如图 6-6-13 所示。从图中可以看到，总体分类精度、Kappa 系数，各个类别的系统精度、用户精度、错分误差、漏分误差。

（8）输出结果文档。

保存结果文档的方法和图 6-6-8 所示类似，在此不再赘述。

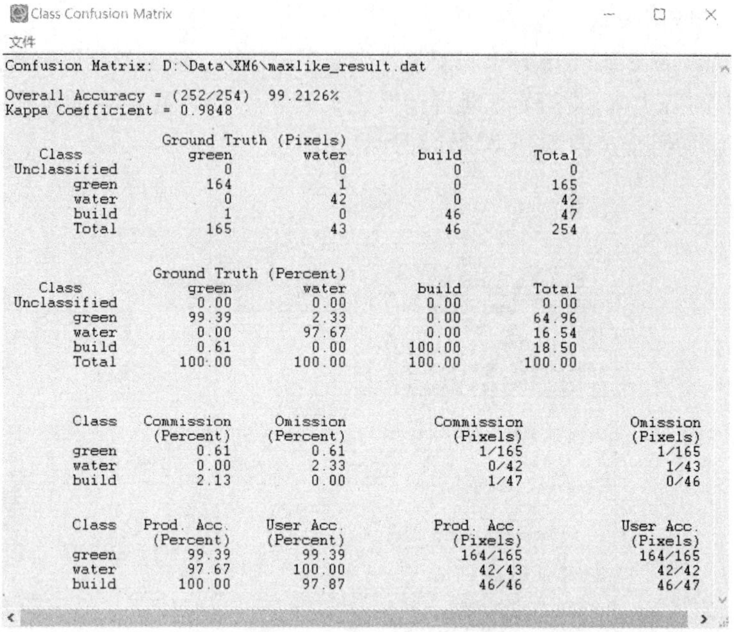

```
Class Confusion Matrix                                    —    □    ×
文件
Confusion Matrix: D:\Data\XM6\maxlike_result.dat

Overall Accuracy = (252/254)  99.2126%
Kappa Coefficient = 0.9848

                Ground Truth (Pixels)
     Class      green      water       build       Total
Unclassified      0          0           0           0
     green       164          1           0          165
     water         0         42           0           42
     build         1          0          46           47
     Total       165         43          46          254

                Ground Truth (Percent)
     Class      green      water       build       Total
Unclassified    0.00       0.00        0.00        0.00
     green      99.39      2.33        0.00        64.96
     water       0.00     97.67        0.00        16.54
     build       0.61      0.00      100.00        18.50
     Total     100.00    100.00      100.00       100.00


     Class    Commission   Omission   Commission      Omission
              (Percent)   (Percent)    (Pixels)       (Pixels)
     green       0.61        0.61       1/165          1/165
     water       0.00        2.33       0/42           1/43
     build       2.13        0.00       1/47           0/46


     Class    Prod. Acc.   User Acc.   Prod. Acc.     User Acc.
              (Percent)   (Percent)    (Pixels)       (Pixels)
     green      99.39       99.39      164/165        164/165
     water      97.67      100.00       42/43          42/42
     build     100.00       97.87       46/46          46/47
```

图 6-6-13　显示精度评价结果

（四）成果要求

（1）以监督分类的结果文件为基础，分别进行两种方法的分类精度评价，比较评价结果。

（2）以文字描述加截图的方式，撰写实训报告，命名格式为"学号+姓名"，并提交到教学平台。

项目小结

本项目主要介绍了遥感影像计算机分类的基础知识和非监督分类、监督分类、决策树分类的原理与方法，以及遥感影像分类后处理及精度评价方法。同时，讲解了利用 ENVI 5.3 软件进行非监督分类、监督分类、决策树分类、分类后处理和精度评价的方法与流程。学生通过学习，同学们可以掌握遥感影像计算机分类的知识、原理与方法，学会利用 ENVI 5.3 软件完成遥感影像的分类、后处理及精度评价，培养遥感专题信息提取与分析的能力，培养勇于探索、精益求精的钻研精神。

思考题

（1）遥感影像监督分类和非监督分类各自的优缺点有哪些？

（2）影响遥感影像分类精度的因素有哪些？

（3）如何评价遥感影像分类的质量？

遥感专题制图

知识目标

◆ 了解遥感影像地图的概念和特征
◆ 掌握遥感专题制图的方法和流程

技能目标

◆ 懂遥感专题制图的方法和流程
◆ 会进行遥感专题地图制作
◆ 能处理遥感专题制图过程中的问题

素质目标

◆ 了解遥感专题地图制作的技术规范
◆ 培养国家版图意识
◆ 树立数据保密意识

任务导航

◆ 任务 遥感专题制图的原理与方法

任务 遥感专题制图的原理与方法

【知识点】

遥感影像专题制图

（一）遥感影像地图

1. 遥感影像地图的概念

遥感影像地图是以遥感影像和一定的地图符号来表示制图对象的地理空间分布和环境状况的地图。在遥感影像地图中，图面内容由遥感影像构成，配以一定的地图符号来表示或说明制图对象。与普通地图相比，遥感影像地图具有丰富的地面信息，内容层次分明，图面清晰易读，充分表现出遥感影像与地图的双重优势。

遥感影像地图按表现内容分为普通遥感影像地图和专题遥感影像地图：

（1）普通遥感影像地图是在遥感影像中综合、全面地反映一定制图区域内的自然要素和社会经济内容，包含等高线、水系、地貌、植被、居民点、交通网、境界线等制图对象。

（2）专题遥感影像地图是在遥感影像中突出并较完备地表示一种或几种自然要素或社会经济要素的地图，如土地利用专题图、植被类型图、地貌类型图等。专题遥感影像地图要在获得所需要的专题信息后进行制图，也就是基于遥感影像分类结果影像进行制作。

同时，这些影像地图大多都标有比例尺、地理坐标等，并采用线划符号表示制图对象、地名注记和说明注记等。大比例尺普通影像图还标有等高线和高程注记。

2. 遥感影像地图的特征

（1）丰富的信息：彩色影像地图的信息量远远超过数字线划地图，没有信息空白区域。并且利用遥感影像地图可以解译出大量制图对象的信息。

（2）直观形象：遥感影像是制图区域地理环境与制图对象进行"自然概括"后的构像，通过正射投影纠正和几何纠正等处理后，能直观形象地反映地势的起伏、河流蜿蜒曲折的形态，比普通地图更具可读性。

（3）准确精密：经过投影纠正和几何纠正处理后的遥感影像，每个像素点都具有自己的坐标位置，可按地图比例尺与坐标网进行量测。在处理测绘地理信息数据时要树立好数据保密意识，防止高精度等敏感信息被泄露或被滥用。

（4）现势性强：遥感影像获取地面信息快，成图周期短，能够反映制图区域当前的状况，具有很强的现势性。在人迹罕至的地区，如沼泽地、沙漠、崇山峻岭等，更能显示出遥感影像地图的优越性。

（二）遥感影像专题制图的流程

遥感影像分类结果经过细碎图斑处理、栅格转矢量等后处理以后，形成了一个个单独的类别矢量文件。遥感影像专题制图就是在此基础上进行，还需要经过分类配色、叠加修饰符号、打印输出 3 个步骤。

（1）分类配色。

由于计算机处理系统自动给各个类别设定的颜色基本不符合专业制图的要求，因此需要根据遥感专业制图等相关标准，对各个类别进行重新配色。

（2）叠加修饰符号。

在影像上叠加各种制图修饰性内容，包括图名、比例尺、指北针、公里网、图例、图廓、注记、统计图表等，以增加遥感专题图的完整性和可读性。

（3）打印输出。

将遥感专题图通过各种打印设备输出。输出形式可以是彩色图（以不同颜色表示不同的类别），也可以是黑白图（以不同灰度值或者灰度等级表示不同的类别），还可以是符号图（以不同的字母或数字表示不同的类别）。

【技能点】

遥感土地利用专题图制作

（一）技能目标

掌握用 ArcMap 进行遥感专题制图的方法。

（二）训练内容

以自己的分类结果（经过分类后处理）为基础，将其导出为".shp"文件后，在 ArcMap 里面进行专题制图。

（三）实训步骤

1. 打开分类结果矢量文件和行政区界线

（1）打开分类结果矢量文件。

启动 ArcMap 10.6，依次点击"应用程序"→"ArcGIS"→"ArcMap 10.6"（图 7-0-1），启动 ArcMap 10.6 界面。

打开转换好的矢量文件。在 ArcMap 10.6 应用程序中，找到 点击"添加数据"，在"D:\XM7\"中选择已转换好的水体、绿地、建筑用地数据（图 7-0-2 ~ 图 7-0-4）。

（2）打开感兴趣区界线。

打开感兴趣区矢量文件，并空心化显示。在 ArcMap 10.6 应用程序中，点击"添加数据"，在"D:\XM7\"中选择感兴趣区矢量数据（图 7-0-5）。

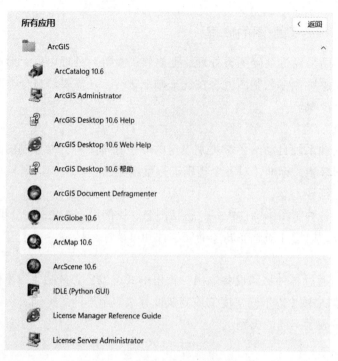

图 7-0-1　启动 ArcMap 10.6 程序

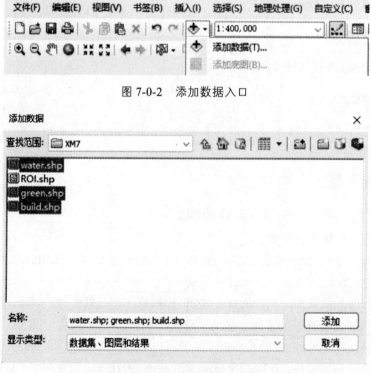

图 7-0-2　添加数据入口

图 7-0-3　添加分类结果矢量

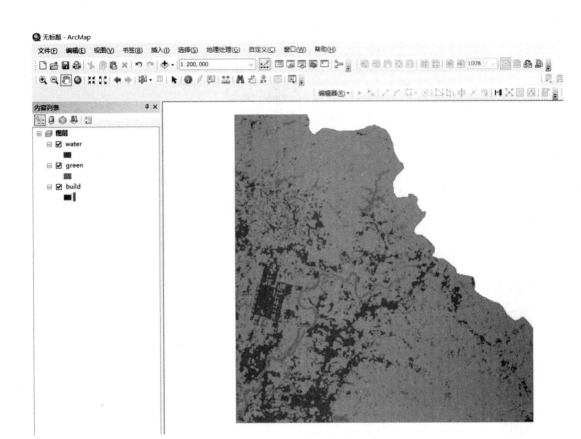

图 7-0-4　添加数据显示效果

图 7-0-5　感兴趣区

（3）保存地图文档。

在 ArcMap 10.6 应用程序中，点击"保存（S）"，将"ArcMap 文档（*.mxd）"保存到"D:\XM7\"，方便后续操作（图 7-0-6）。

在后面的操作过程中，记得经常保存，以免数据丢失。

图 7-0-6 保存工程文件

2. 设置类别和颜色名称

（1）修改矢量图层的名字。

将修改矢量图层的名字全部改为中文（图 7-0-7）。

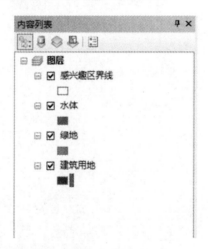

图 7-0-7 修改矢量图层命名

（2）设置各个图层的显示颜色。

这里依次将绿地、水体和建设用地的颜色设置为绿色、蓝色和红色。

方法一：在图 7-0-7 中，选中任意一个图层，点击右键选择"属性（I）"，选择"符号系统"，点击"符号"中的颜色区域，可更改填充颜色以及轮廓颜色（图 7-0-8～图 7-0-10）。

图 7-0-8　图层右键"属性（I）"

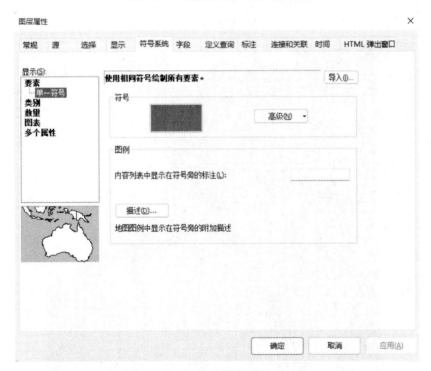

图 7-0-9　符号系统

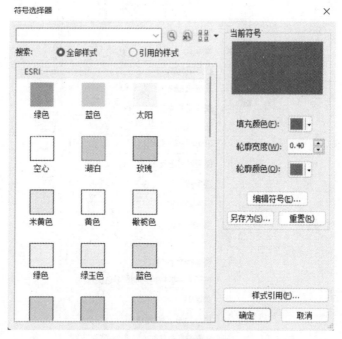

图 7-0-10　符号选择器

方法二：在图 7-0-7 中，选中任意一个图层，双击该图层所显示的色条，在弹出的"符号选择器"中，进行填充颜色和轮廓颜色的变更（图 7-0-10）。

其他图层可按类似的方法设置，结果如图 7-0-11 所示。

图 7-0-11　显示结果

3. 设置比例尺和出图范围

（1）切换到影像输出视图。

方法一：在菜单栏中选择"视图（V）"，点击"布局视图（L）"（图 7-0-12）。

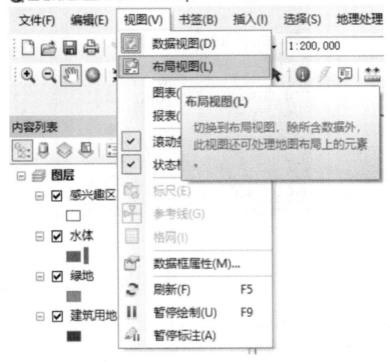

图 7-0-12　切换布局视图（方法一）

方法二：在 ArcMap 10.6 底部，找到布局视图按钮 ，进行切换（图 7-0-13）。

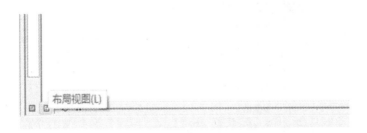

图 7-0-13　切换布局视图（方法二）

（2）设置比例尺。

根据工作区范围，设置比例尺。这里设置为 1∶180 000（图 7-0-14）。

（3）设置图幅范围。

在菜单栏上，选择"文件（F）"，点击"页面和打印设置（U）"，打开"页面和打印设置"界面（图 7-0-15）。

图 7-0-14　设置比例尺后效果

图 7-0-15　页面和打印设置

根据显示效果，"标准大小（Z）"选择"自定义"，"宽度（W）"和"高度（H）"均设置为 21（图 7-0-16）。

图 7-0-16 页面和打印参数设置

点击"确定"，到视图调整界面，如果不合适，可回到"页面和打印设置"界面进行修改（图 7-0-17）。

注意：要留出图名、图例、比例尺、指北针、坐标网格和图签的位置。

图 7-0-17 页面设置后效果

4. 添加制图要素

（1）添加图名。

在菜单栏上，选择"插入（I）"，点击"标题（T）"（图 7-0-18）。

在弹出的"插入标题"对话框中，输入地图的标题（图 7-0-19）。

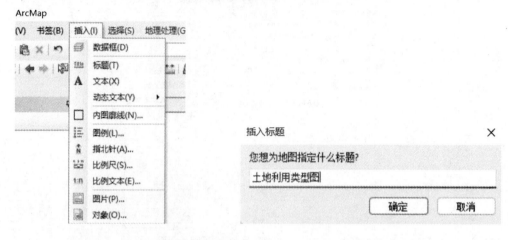

图 7-0-18　插入标题　　　　　　　　　　　图 7-0-19　标题命名

结果如图 7-0-20 所示。

图 7-0-20　插入标题效果

（2）添加图例。

菜单栏中选择"插入（I）"，点击"图例（L）"。在弹出的"图例向导"对话框上，先按照默认的设置，然后点击"下一页（N）"，最后点击"完成"，即完成添加图例（图 7-0-21）。

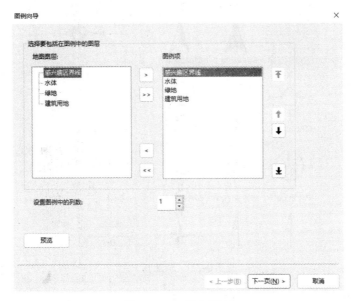

图 7-0-21　添加图例

将结果调整位置后，其显示如图 7-0-22 所示。

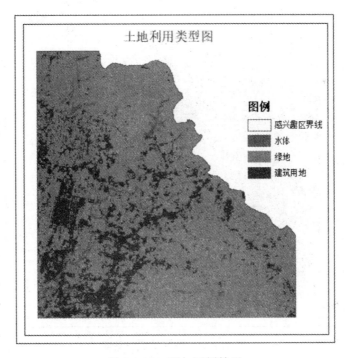

图 7-0-22　添加图例效果

（3）添加指北针。

在菜单栏中选择"插入（I）"，点击"指北针（A）"（图 7-0-23）。

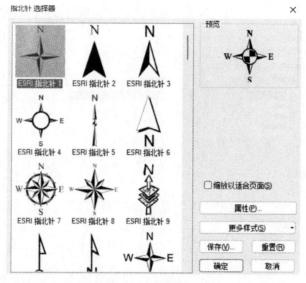

图 7-0-23　添加指北针

调整到右上角，其显示如图 7-0-24 所示。

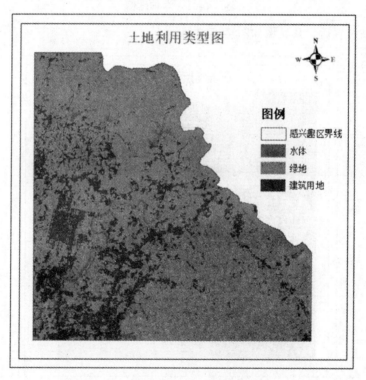

图 7-0-24　添加指北针效果

（4）添加比例尺。

在菜单栏中选择"插入（I）"，点击"比例尺（S）"（图 7-0-25）。

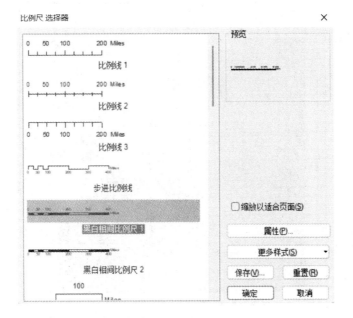

图 7-0-25　添加比例尺

添加比例尺后，调整比例尺的属性，如刻度单位等（图 7-0-26）。

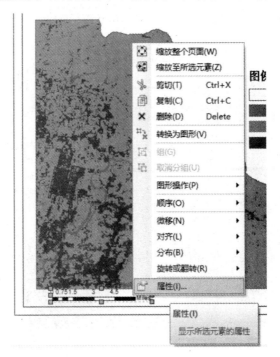

图 7-0-26　调整比例尺的属性

将结果调整到下方，其显示如图 7-0-27 所示。

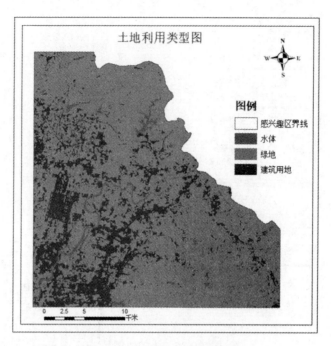

图 7-0-27 调整比例尺后效果

（5）添加坐标网格。

在图面上点击右键，选择"属性（I）"（图 7-0-28）。

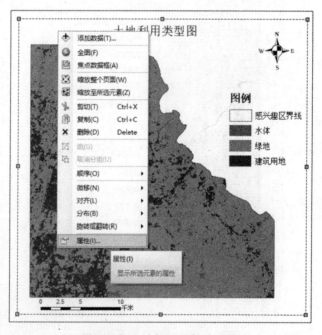

图 7-0-28 选择"属性（I）"

在弹出的"数据框 属性"对话框中，选择"格网"子页，然后点击"新建格网（N）"（图 7-0-29）。

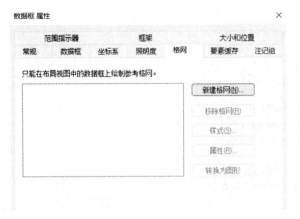

图 7-0-29　新建格网

在弹出的对话框中，直接使用默认选项，点击"下一页（N）"直至点击"完成（F）"，即可成功创建"经纬网"（图 7-0-30）。

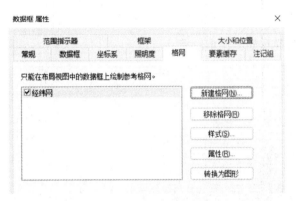

图 7-0-30　创建经纬网

最后格网添加进来，其显示如图 7-0-31 所示。后续可进一步修改。

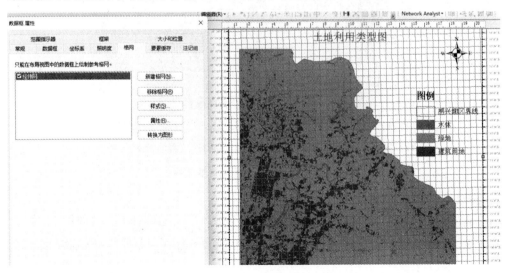

图 7-0-31　经纬网显示效果

（6）添加图框。

在菜单栏中选择"插入（I）"，点击"内图廓线（N）"，添加图框及背景（图 7-0-32）。

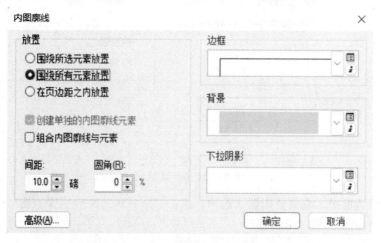

图 7-0-32　添加图框及背景

添加后的结果，其显示如图 7-0-33 所示。

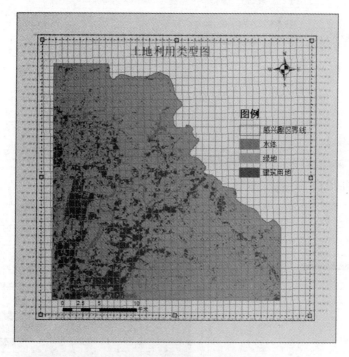

图 7-0-33　添加图框及背景效果

5. 修改相关制图参数

（1）修改图名参数。

在图名上双击左键，或者点击右键选择"属性（I）"，打开"属性"对话框（图 7-0-34）。

图 7-0-34　图名参数设置（"属性"页面）

可以重新命名图名，点击"更改符号（C）"，可修改字体等参数（图 7-0-35）。

图 7-0-35　图名参数设置（"符号选择器"页面）

（2）修改图例参数。

在图例上双击左键，或者点击右键选择"属性（I）"，打开"图例属性"对话框（图 7-0-36）。

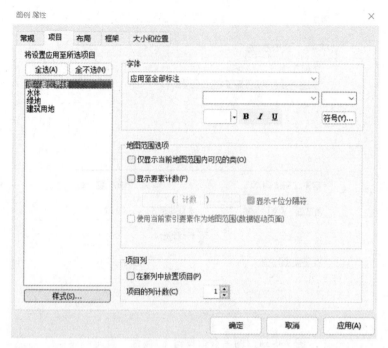

图 7-0-36　图例参数设置（"图例 属性"页面）

　　点击"样式（S）"可修改图例位置摆放，点击"符号（Y）"可修改字体样式或大小等。注意修改时，是否应用到所有项目（图 7-0-37）。

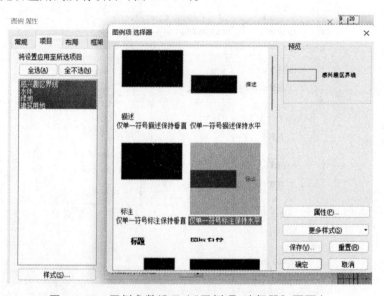

图 7-0-37　图例参数设置（"图例项 选择器"页面）

（3）修改指北针参数。

　　指北针可以通过鼠标左键选中，然后拉动进行放大或缩小，或者双击左键打开"指北针属性"界面进行修改大小（图 7-0-38）。

图 7-0-38　指北针参数设置（"指北针 属性"页面）

（4）修改比例尺参数。

在比例尺上双击左键，或者点击右键选择"属性（I）"，打开比例尺参数设置"Alternating Scale Bar 属性"对话框，可修改"主刻度数（V）"和"分刻度数（S）"等（图 7-0-39）。

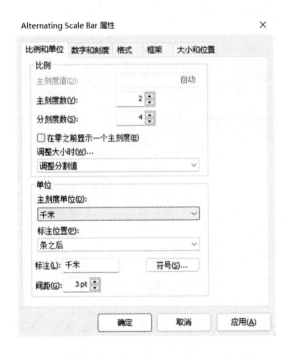

图 7-0-39　比例尺参数设置（"比例和单位"设置）

可以在"格式"中修改字体大小等（图 7-0-40）。

图 7-0-40   比例尺参数设置（"格式"设置）

（5）修改坐标网格参数。

打开"数据框 属性"，选择"格网"，点击"样式（S）"进行坐标网格参数的修改（图 7-0-41）。

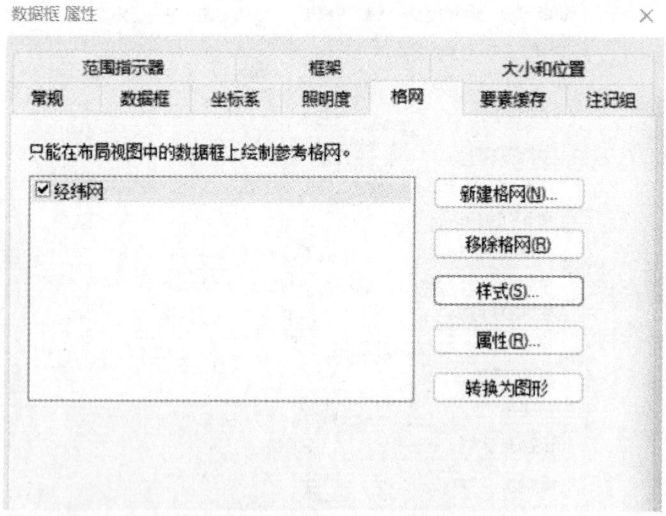

图 7-0-41   坐标网格参数设置（"数据框 属性"页面）

在"参数系统 选择器"页面中选择"经纬网"（图 7-0-42）。

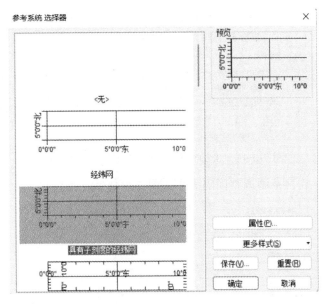

图 7-0-42　坐标网格参数设置（"参考系统 选择器"页面）

点击"属性（P）"，在弹出的"参考系统"页面中设置一系列参数（图 7-0-43）。

图 7-0-43　坐标网格参数设置（"标注"设置）

"线"设置为"不显示线或刻度"（图 7-0-44）。

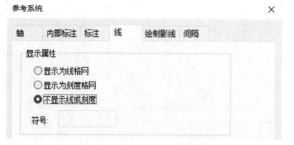

图 7-0-44 坐标格网参数设置（"线"设置）

"间隔"则根据工作区范围调整间隔大小（图 7-0-45）。

图 7-0-45 坐标网格参数设置（"间隔"设置）

（6）修改数据框参数。

设置数据框背景，"边框"设置为无（图 7-0-46）。

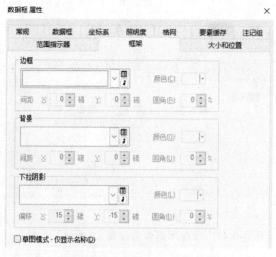

图 7-0-46 数据框背景参数设置（"框架"设置）

（7）添加制图说明。

点击"插入（I）"→"文本（X）"，将插入的文本框移动到地图的右下角，在文本框添加制图人、制图时间等（图7-0-47）。

图7-0-47　加入制图文本信息

（8）调整各图面要素的相对位置。

根据图面显示效果，调整各要素的相对位置。调整完后的结果如图7-0-48所示。

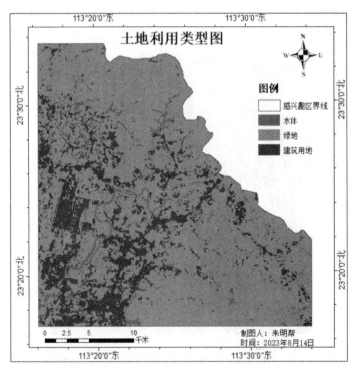

图7-0-48　调整各要素后效果

6. 输出专题图

点击"文件（F）"→"导出地图（E）"。设置"分辨率（R）""文件名（N）"和"保存类型（T）"等参数（图 7-0-49）。

图 7-0-49　导出地图

调整后的最终结果如图 7-0-50 所示。

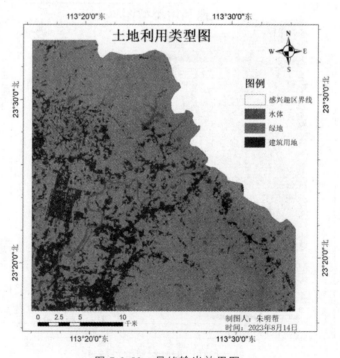

图 7-0-50　最终输出效果图

（四）成果评价

（1）以自己分类好的结果文件，按照上述步骤，制作工作区的土地利用类型图。

（2）以文字描述加截图的方式，撰写实训报告，命名格式为"学号+姓名"，并提交到教学平台。

项目小结

本项目主要讲解了遥感影像地图的概念、特征，以及遥感专题制图的方法，并介绍了如何利用 ArcGIS 软件进行遥感专题制图的流程。通过本项目的学习，同学们能够掌握遥感影像地图的概念和特征，能学会使用 ArcGIS 软件进行遥感专题制图。另外，树立数据保密意识以及培养国家版图意识，切记一点都不能少。

思考题

（1）如何制作美观的遥感专题图？

（2）遥感制图比例尺参数设置中有哪些细节问题需要特别注意？

参考文献

[1] 张安定. 遥感技术基础与应用[M]. 2 版. 北京：科学出版社，2020.

[2] 梅新安，彭望琭，秦其明，等. 遥感导论[M]. 北京：高等教育出版社，2001.

[3] 赵英时. 遥感应用分析原理与方法[M]. 2 版. 北京：科学出版社，2013.

[4] 李小文. 遥感原理与应用[M]. 北京：科学出版社，2008.

[5] 杨树文，董玉森，罗小波，等. 遥感数字影像处理与分析——ENVI 5.x 实验教程[M]. 2 版. 北京：电子工业出版社，2019.

[6] 张占睦，芮杰. 遥感技术基础[M]. 北京：科学出版社，2007.

[7] 方德庆. 遥感地质学[M]. 北京：石油工业出版社，2013.

[8] 李玲. 遥感数字影像处理[M]. 重庆：重庆大学出版社，2010.

[9] 明冬萍，刘美玲. 遥感地学应用[M]. 北京：科学出版社，2017.

[10] 刘美玲，明冬萍. 遥感地学应用实验教程[M]. 北京：科学出版社，2018.

[11] 王冬梅. 遥感技术应用[M]. 武汉：武汉大学出版社，2019.

[12] 王文杰. 环境遥感监测与应用[M]. 北京：中国环境科学出版社，2011.

[13] 庞小平. 遥感制图与应用[M]. 北京：测绘出版社，2016.

[14] 邓书斌，陈秋锦，杜会建，等. ENVI 遥感影像处理方法[M]. 2 版. 北京：高等教育出版社，2014.

[15] 李小娟，宫兆宁，刘晓萌，等. ENVI 遥感影像处理教程[M]. 北京：中国环境科学出版社，2007.

[16] 赵忠明，孟瑜，汪承义，等. 遥感影像处理[M]. 北京：科学出版社，2014.

[17] 赵春霞，钱乐祥. 遥感影像监督分类与非监督分类的比较[J]. 河南大学学报（自然科学版），2004，34（3）：90-93.

[18] 贺佳伟，裴亮，李景爱. 基于专家知识的决策树分类[J]. 测绘与空间地理信息，2017，40（5）：91-94.

[19] 周廷刚. 遥感数字影像处理[M]. 北京：科学出版社，2020.

[20] 欧嫣然，王克晓，虞豹，等. 基于 Sentinel-2 影像分辨率提升的西南山区油菜作物识别研究[J]. 福建农业学报，2020，35（8）：902-910.

[21] 张安定. 遥感原理与应用题解[M]. 北京：科学出版社，2016.

[22] 胡圣武，肖本林. 地图学基本原理与应用[M]. 北京：测绘出版社，2014.

[23] 高俊. 地图制图基础[M]. 武汉：武汉大学出版社，2014.